U0458159

猴面包树

Spite:

Simon McCarthy-Jones

and the

Upside of

人类的恶意

Your Dark

〔英〕西蒙·麦卡锡-琼斯　著　康洁　译

Side

上海三联书店

目 录

前言

第四种行为

/006

恶意，是很难解释的。这似乎是一个进化之谜。自然选择为什么没有淘汰掉这种会使众人皆输的行为呢？

第一章

最后通牒

/018

如果亚里士多德不是哲学家，他会是一位有见地的离婚律师。他对恶意的定义，与我们在那种闹得不可开交的分手和离婚案例中看到的一致。

第二章

反支配性恶意

/060

我们经常为了个人的相对优势而惩罚或刁难他人，但却自欺欺人地认为，我们这样做是出于道德原因。

第三章

支配性恶意

/118

我们越觉得这个世界是充满地位竞争的，由于繁殖偏离，获得支配地位会使我们得到更多的好处，就越有动力去获得支配地位。

第四章

恶意、演化和惩罚

/138

我们对不公平行事者进行高代价惩罚，目的是什么？我们这样做是为了威慑他们，让他们在未来表现得更好吗？

第五章

恶意与自由

/164

在如今的世界中，存在性恶意，只是一种对抗理性支配的工具，而不再是一种避免陷入理性潜在雷区的方法。

第六章

恶意与政治

/196

在匿名性的黑暗中，恶意不再受到抑制。对恶意的认识，有助于我们更全面地理解我们这个时代以及将来可能发生的重大政治事件。

第七章

恶意与神圣

/236

共患难是促进人们建立认同融合的有力方式。这会增加人们为彼此牺牲的意愿。仅仅记住共同的苦难，就能促进认同融合。

结论

恶意的未来

/272

前言

第四种行为

恶意，是很难解释的。这似乎是一个进化之谜。自然选择为什么没有淘汰掉这种会使众人皆输的行为呢？

恶意，是自古就有的。我们可以在最古老的神话故事中找到它。它存在于古希腊神话中：美狄亚（Medea）亲手杀死了自己的孩子，只是为了报复她不忠的丈夫伊阿宋（Jason）。阿喀琉斯（Achilles）拒绝帮助他的希腊战友作战，因为他的女奴被其中一个战友夺走了。此外，民间故事中也有一些关于恶意的情节。一位天神答应帮助某人实现一桩心愿。当然，这是有条件的，无论他得到什么，他讨厌的邻居都会得到双倍。这个人提出的心愿是希望自己的一只眼睛瞎掉。[1] 这样的故事，虽然很古老，但仍然道出了一种很易于识别的行为。

如今，我们知道，恶意可以是微不足道的。一个司机在停车位逗留，只是为了让你多等一会儿；一个邻居竖起了篱笆，只是为了挡住你的视线。我们也可能意识到，恶意会带来多大的危害。夫妻争夺孩子的监护权，只是为了刁难彼此；选民将票投给一位他们希望会引发混乱的候选人。但我们是否准备承认，恶意也可能有积极的一面？

恶意究竟是什么呢？根据美国心理学家戴维·马库

---

1 Schwarzbaum, H. (1968) *Studies in Jewish and world folklore* (vol. 3). Berlin: Walter de Gruyter & Co.

斯 (David Marcus) 的说法，恶意是指，在伤害他人的过程中，你也伤害了自己。[1] 这是对这一行为的一个"强定义"。在较弱的定义中，恶意是指伤害他人，同时，也冒着伤害自己的风险；也可能是指伤害他人，但自己并未从中获益。[2] 然而，正如马库斯所指出的，恶意的强定义是在伤害他人的同时需要付出个人代价。这有助于将其与敌对或施虐行为区分开来。

确实，关于恶意，理解它的一个有效方法是，看看它不是什么。如果从行为的代价和收益来考虑，我们与他人的互动可以有四种基本行为方式。[3] 有两种行为可以给我们带来直接的好处：一种是以既利人又利己的方式行事（合作），另一种是以利己不利人的方式行事（自私）。第三种行为，是对他人有好处但会让我们付出代价的行为——利他行为。就合作、自私和利他行为而言，很多研究人员毕生致力于研究它们。但除此之外，

1   Marcus, D. K., Zeigler-Hill, V., Mercer, S. H., *et al.* (2014) 'The psychology of spite and the measurement of spitefulness', *Psychological Assessment*, 26 (2), 563–574.

2   Brereton, A. R. (1994) 'Return-benefit spite hypothesis: An explanation for sexual interference in stumptail macaques (*Macaca arctoides*)', *Primates*, 35 (2), 123–136; Gadagkar, R. (1993) 'Can animals be spiteful?', *Trends in Ecology & Evolution*, 8 (7), 232–234.

3   Bshary, R. and Bergmüller, R. (2008) 'Distinguishing four fundamental approaches to the evolution of helping', *Journal of Evolutionary Biology*, 21 (2), 405–420.

还有第四种行为——恶意（即害他）。恶意是一种既害人又害己的行为方式。这种行为一直被隐藏在暗处，但这对它来说不是安全的。我们需要仔细研究它，看看它究竟是什么。

恶意，是很难解释的。这似乎是一个进化之谜。自然选择为什么没有淘汰掉这种会使众人皆输的行为呢？这种行为本不应该存在，但如果从长远来看对你有利，那么它的持续存在就变得可以理解了。然而，在某些情况下，恶意并不能给你带来长期利益，这该如何理解？我们又该如何解释这些行为呢？这种行为真的存在吗？

经济学家也很难理解恶意。什么样的人会做出违背自身利益的事？在很长一段时间里，经济学家认为，这种行为很少见，因此，也就不需要解释了。18世纪，著名经济学家亚当·斯密（Adam Smith）声称，人们"并不经常处于恶意的影响之下"，即使它真的发生了，我们也会"受到慎重考虑之约束"。[1] 很多年后，在20世纪70年代，美国经济学家戈登·塔洛克（Gordon Tullock）认为，一

---

1 https://www.gutenberg.org/files/3300/3300-h/3300-h.htm

般人的行为有95%是利己的。[1] 在20世纪80年代，那个"贪婪是好事"(greed is good) 的年代，许多人可能认为这一估计偏低。

经济学家将人类视为"经济人"(homo economicus)。"经济人"理性行事，以实现自身利益最大化。通常而言(尽管并非总是如此)，人们从金钱角度来理解自身利益。[2] 然而，正如我将在第一章中讨论的那样，早在1977年，就有一项开创性的研究表明，人们常常乐意拒绝意外之财。亚当·斯密过于乐观了。在戈登·塔洛克所说的利己行为之外的那一小部分行为当中，潜藏着一些非常真实和强大的东西。

恶意，是涉及伤害的，但是什么构成了伤害呢？谁能决定一种行为是否有伤害，从而将之定义为恶意行为？举个极端的例子，认为自己来世会得到回报、自己的家人会在此生得到补偿的自杀式炸弹袭击者，到底有没有伤害自己？对于进化生物学家来说，伤害有一个客观的衡量标准，是一种适合度 (fitness) 或繁殖成功率

---

1 As cited in Frank, R. H., Gilovich, T. and Regan, D. T. (1993) 'Does studying economics inhibit cooperation?', *Journal of Economic Perspectives*, 7 (2), 159–171.

2 Hudík, M. (2015) 'Homo economicus and Homo stramineus', *Prague Economic Papers*, 24 (2), 154–172.

(reproductive success) 的丧失。在第四章中，我们将探究那种涉及个体的适合度 (personal fitness) 丧失的恶意行为，即所谓的"进化上的恶意" (evolutionary spite)。与进化生物学家不同的是，经济学家和心理学家倾向于关注直接涉及个人代价的伤害行为。这种"心理学上的恶意" (psychological spite)，可能会给个人带来无法预见的长期利益。这种恶意，从长远来看，对个人是有益处的，是一种利己行为。

在明确恶意的定义之后，我们还需思考两个问题。首先，是什么促使一个人当即采取行动，做出伤害他人之事？也就是说，恶意是如何出现的？这关乎它的"近因"或直接原因。其次，我们产生恶意的深层原因是什么？恶意为什么会存在？它在进化上的功用是什么？这关乎它的"终极因"。举一个其他领域的例子：为什么婴儿会哭？直接原因可能是由寒冷或饥饿，但"终极因"则是为了得到父母的照顾。[1] 就恶意而言，相应的答案又是什么呢？

关于恶意，当我们有了一个"近因"解释之后，

1　Scott-Phillips, T. C., Dickins, T. E. and West, S. A. (2011) 'Evolutionary theory and the ultimate–proximate distinction in the human behavioral sciences', *Perspectives on Psychological Science*, 6 (1), 38–47.

可以开始思考一个紧迫的问题：恶意如何塑造现代世界？我们的祖先偏爱富含糖和脂肪的食物，因此常选择高热量食物。然而，在当今的西方世界，廉价的高糖高脂食品无处不在。这种曾经的适应性偏好（对富含糖和脂肪食物的偏好），如今却会导致我们患上糖尿病和心脏病。我们恶意的一面，也是在进化中出现的，当其陷入一个本不应该应对的世界时，会发生什么？当今世界经济不平等的程度、人们感知到的不公正，以及社交媒体促成的快速便捷的交流，对我们的祖先来说是完全陌生的，在这样一个世界，恶意会产生什么影响？

这个问题很紧迫，因为恶意似乎不仅仅是危险的。从某些角度看，它甚至像人类的氪石[1]。从定义来讲，恶意与合作是正好相反的。这令人担忧，因为合作是我们人类的超能力。作为一个物种，我们的成功，来自非凡的合作能力。虽然就算是黏菌，它们也会彼此"合

1　氪石是超人故事里的虚构物质，会对超人产生影响，从而削弱超人的能力，是超人和绝大多数氪星人的终极弱点。——译者注

作"。[1]我们人类的合作能力是超强的，这使得我们能够在大规模群体中与非亲属一起生活，但合作能力稍差的人类"近亲"灵长类则无法做到这一点。[2] 这使得我们暂时不用担心被《人猿星球》(*Planet of the Apes*) 中的猿族所统治，但是除了被灵长类所统治之外，我们需要担心的事情还有很多。恶意如果破坏合作的话，那它不仅会阻碍人类进步，也可能会降低我们解决所面临的复杂的全球性问题的能力。[3] 世界正在变得更好，[4] 但进步并不是必然的。

恶意也可能是可怕的。还有什么比一个不受自身利益束缚的对手更骇人呢？自私可能是个问题。但我们至少可以说服一个自私的人，因为自私的人是顾及自身利益的。但如果你面对的是恶意的人，对于他们来说，你的痛苦比他们的自身利益还重要，那你能和他们

1 Kuzdzal-Fick, J. J., Foster, K. R., Queller, D. C., *et al.* (2007) 'Exploiting new terrain: An advantage to sociality in the slime mold *Dictyostelium discoideum*', *Behavioral Ecology*, 18 (2), 433–447.

2 Melis, A. P. and Semmann, D. (2010) 'How is human cooperation different?', *Philosophical Transactions of the Royal Society B: Biological Sciences*, 365 (1553), 2663–2674.

3 As outlined by the United Nations: https://www.un.org/ sustainabledevelopment/ sustainable-development-goals/

4 Pinker, S. (2018) *Enlightenment now: The case for reason, science, humanism, and progress*. New York, NY: Penguin.

说什么？他们就像"终结者"：你无法与他们讨价还价，也无法与他们讲道理，他们绝对不会停止伤害，永远不会，直到把你搞死，或至少把你搞残。不幸的是，这样的人，并不只存在于科幻小说里。

第二次世界大战后期，德国与苏联的战斗日益激烈。由于可调用的火车数量有限，希特勒必须在两者之间进行权衡，要么用这些火车将犹太人遣送到东部（来集中杀害），要么用这些火车运送重要的武器、燃料和补给品给与苏联人作战的德国军队。[1] 希特勒选择了大屠杀。他准备冒着德国败亡的风险来消灭犹太人。恶意的恐怖，是没有止境的。

恶意可能造成的危险，是明显且可怕的。为了控制它，我们需要了解它。为此，我们先仔细研究一下恶意。当我们这样做的时候，一些其他东西就会显现出来。我们的发现迫使我们重新考虑对恶意的理解是否有误。美国哲学家约翰·罗尔斯（John Rawls）认为，道德德性（moral virtue）是我们理性地希望其他人应该拥有的品格

1　Pasher, Y. (2005) *Holocaust versus Wehrmacht: How Hitler's "Final Solution" undermined the German war effort*. Lawrence, KS: University Press of Kansas.

特征。[1] 他声称，恶意不是我们应该希望其他人拥有的，因此它是一种"对每个人都不利"的恶习。但真的是这样吗？当我们更仔细地观察它，就会发现一些不同的东西。

事实证明，恶意可以成为一种向善的力量。它可以帮助我们脱颖而出，帮助我们创造。而且它不一定会威胁到合作，事实上，它反而可能会促进合作。恶意并不一定造成不公正，它可能是我们防止不公正的最有力工具之一。因为只要不公正和不公平以及不平等继续存在，我们就需要恶意。

《以西结书》（*The book of Ezekiel*）讲述了先知以西结在30岁时所看见的异象：一阵狂风从北方刮来，接着有一朵闪烁着火光的大云出现；里面显出有四个面的活物，每一面都

1　Rawls, J. (2009) *A theory of justice*. Cambridge, MA: Harvard University Press.

有一张不同的脸，分别为人的脸、狮子的脸、牛的脸和鹰的脸。人性，就像以西结看见的活物一样，是嵌合的。同理，我们也向世界展现出四张面孔：自私、利他、合作和恶意。我们是多面的，既不是天使，也不是恶魔。我们要了解自己，就需要了解自己的全部，而不仅仅是一个侧面。人类的适应性很强，有一套独特的行为方式。我们采用哪一种行为方式以获得好处，则取决于我们所面临的环境。恶意不是我们灵魂上的一个黑色污点，而是灵魂的一部分。就像以西结看见的活物一样，我们的多个侧面也是相互关联的。我们并不是仅有黑暗的一面或光明的一面，黑暗面也可能创造光明。我们需要准备好从邪恶中寻找美德的源头。

第一章

最后通牒

如果亚里士多德不是哲学家，他
会是一位有见地的离婚律师。他对恶
意的定义，与我们在那种闹得不可开
交的分手和离婚案例中看到的一致。

1977年的德意志之秋，西德政府收到了多个最后通牒。新一代德国人（在恐怖的第二次世界大战之后出生的那些人），已经成年。他们是"后人"（Nachgeborenen），即"后来出生的人"。虽然他们是在父代恶行的阴影下长大的，不该为"第三帝国"的罪行负责。尽管如此，他们还是觉得自己被这些罪行所玷污。当他们在西德看到纳粹主义的残余时，他们感到震惊。对一些人来说，抵抗不能只停留在语言层面上。他们问："你怎么跟创建奥斯威辛集中营的人讲道理？"在这种情绪下，巴德尔-迈因霍夫帮（Baader-Meinhof Group）应运而生，它是一个激进左翼团体，旨在推翻资本主义、帝国主义和法西斯主义。最终，它成了一个恐怖组织。

1977年9月5日晚，在科隆的一条安静的公路上，巴德尔-迈因霍夫帮成员将一辆蓝色婴儿车推向路中央。一辆大奔驰车从拐角处驶来，坐在后座的是汉斯-马丁·施莱尔（Hanns-Martin Schleyer）。他在战争期间曾是党卫军军官，现在是西德最有权势的实业家之一。看到婴儿车，施莱尔的司机急踩刹车。后面跟随的警车来不及踩刹车，撞上了施莱尔的汽车。巴德尔-迈因霍夫帮成员突然出击。

一名成员手持由德国黑克勒和科赫公司制造的半自动步枪，爬上了警车的引擎盖，然后朝着人和车开枪。枪击结束后，三名警察和施莱尔的司机当场毙命，但施莱尔还活着。巴德尔-迈因霍夫帮成员绑架了他，并向西德政府发出最后通牒。巴德尔-迈因霍夫帮有几名成员正在狱中服刑，他们被判了无期徒刑。该组织要求，释放他们，否则就处决施莱尔。在政府拖延时间之际，形势进一步恶化。

1977年10月13日，施莱尔被绑架五周后，汉莎航空181号班机 (Luft hansa Flight 181) 被解放巴勒斯坦人民阵线（简称"人阵"）的成员劫持。"人阵"与巴德尔-迈因霍夫帮关系密切，他们曾在巴勒斯坦训练营接受训练，一起爬过约旦的沙漠。最终，劫机者迫使飞机降落在索马里的摩加迪沙机场，接着发出最后通牒：满足他们的要求，包括释放巴德尔-迈因霍夫帮在狱中的成员，否则飞机上的80多名乘客和机组人员以及施莱尔都会被杀害。

10月18日，事态迅速发展，西德政府派出的精锐的"第九边境防卫队"(GSG 9) 已到达索马里。这支队伍成立于1972年，在参加慕尼黑夏季奥运会的以色列运动员被恐怖分子杀害之后，西德政府组建了这支特种部队。当日凌晨两点，索马里士兵在飞机前方的停机坪上点火。当劫持者进入驾驶舱查看情况时，突击队员冲进机舱，在7分钟内制服了劫机者，成功解救了所有人质。

当日早上7点，在德国，斯塔姆海姆监狱 (Stammheim Prison) 的狱警开始巡查牢房。被关押的巴德尔-迈因霍夫帮成员已得知，他们伙伴发出的最后通牒没有成功。狱警首先进入巴德尔–迈因霍夫帮成员扬–卡尔·拉斯佩 (Jan-Carl Raspe) 所在的牢房，发现他坐在牢房里，头部有枪伤，他将在几小时后死去。由于怀疑囚犯之间有某种协同行动，狱警立即跑到隔壁牢房去查看安德里亚斯·巴德尔 (Andreas Baader)。

巴德尔是以他的名字命名的巴德尔–迈因霍夫帮的创始人之一。在他年轻的时候，他既不是一个读马克思著作的人，也不是一个读毛泽东著作的人，甚至可能都不是一个会读书的人。[1]相反，他更喜欢开跑车和玩女人。对于西德，他的政治分析是，它是一个"肮脏的茅房"(shat-in shithouse)。在他被关押期间，法国著名哲学家让–保罗·萨特 (Jean-Paul Sartre) 曾去探望他。萨特判断他是个"混蛋"(Jerk)。巴德尔从来不能很好地与掌权者打交道：当他还是个孩子的时候，他的母亲曾带他去湖上划船，并警告他要小心，他却故意跳入湖中。[2]青少年时期，他假装得了肺癌以博取同情。成年后，他犯下多起纵火、爆炸攻击，以及杀人的罪行。

在监狱里，巴德尔–迈因霍夫帮的成员们采用的代号

1 Eager, P. W. (2016) *From freedom fighters to terrorists: Women and political violence*. London: Routledge.

2 Becker, J. (1978) *Hitler's children: The story of the Baader–Meinhof terrorist gang*. London: Granada.

取自《白鲸》中的人名。巴德尔的代号是"亚哈"(Ahab)。10月的那个早晨，当狱警进入巴德尔的牢房时，他们看到"亚哈"仰面躺着，已经死了，头下有一摊血。后来的检查发现，他死于后颈部的枪伤。

狱警跑向另一间牢房，巴德尔的女友古德伦·恩斯林(Gudrun Ensslin)被关在那里。她是牧师的女儿，但这位女士不是那种"被人打右脸，还转左脸给人打"的人。对她来说，用暴力手段抵制暴力，是对付暴力的唯一办法。在黑暗中，恩斯林似乎是站着的，凝视着窗外。狱警凑近看，发现她的脚离地面有一英尺。她已经死了，是吊死的。狱警在另一间牢房中发现该组织的第四名成员伊尔姆加德·默勒(Irmgard Möller)躺在床上，胸部有多处刀伤，但能存活下来。

当施莱尔的绑架者得知团伙成员在狱中死亡的消息后，他们朝施莱尔的头部打了几枪。第二天，在一辆绿色奥迪汽车的后备箱中，警察发现了施莱尔的尸体。1977年的德意志之秋就这样结束了。

关于被监禁的巴德尔-迈因霍夫帮成员的死因，人们提出了多种猜想。[1]官方的解释是，他们的死是自己造成

1　同上。另见 Aust, S. (2008) The Baader–Meinhof complex. New York, NY: Random House. 我与赫尔·奥斯特 (Herr Aust) 联系，试图请他进一步阐明巴德尔-迈因霍夫帮成员在狱中死亡的细节，但没有收到回复。

的，是自杀协议的一部分。也有人认为，他们以一种特定的方式自杀，让人们觉得他们是被政府谋杀的。这样做的目的是，使政府显得残暴，促使其被推翻。

若真是这样，巴德尔的代号"亚哈"就是恰当的。在赫尔曼·梅尔维尔（Herman Melville）的小说中，亚哈船长一心想要杀死一头名叫"莫比·迪克"（Moby Dick）的白鲸，为此，他不惜毁掉他自己、他的船和船员们。被监禁的巴德尔-迈因霍夫帮成员的自杀，如果确实是以伤害西德政府为目的，那么有一个词，可以形容这种行为。我们也可以用这个词来形容亚哈的行为，这个词就是恶意。

非常巧合的是，关于恶意的研究基础，也是在1977年德意志之秋奠定的。[1]它发生在科隆，就是巴德尔-迈因霍夫帮成员绑架施莱尔的那座城市。该实验的设计，也与那年秋天的事件相呼应，关注人们如何对最后通牒做出回应。这个实验就是"最后通牒博弈"（Ultimatum Game），它会改变我们对自己的认识。40年后，最后通牒博弈的实验结果仍会给我们带来启示，让我们洞察到人性的复杂多面性。

恶意渗透于我们的日常生活中。请假设自己处于以下

---

[1] 维尔纳·古斯（Werner Güth）是这项研究的开创者，他告诉我，他的灵感并非来自那年秋天的事件。

情境中，有多少表述适用于你？

在一个繁忙的停车场里，如果我正准备从一个车位驶出，当我看到有人正焦急地等着将车停入车位，那么我会慢慢来，只是为了让他们多等一会儿。

我会投票给一个我不喜欢的政客，只是为了不让另外一个人上台，即使那个政客会伤害我和/或我的国家。

如果父母告诉我在外出时不要让自己显得邋遢，我会让自己显得更糟，即使这让我在朋友面前很尴尬。

在房间里，即使我感到寒冷，我也宁愿忍着，如果这意味着房间里的其他人也得忍受寒冷的话。

我会主动加班，如果这意味着我的同事也得加班的话。

在路上开车，如果后面有一辆车离我很近，我会踩刹车吓唬他们，即使这会让我处于危险之中。

如果我正和伴侣生气，我会故意把晚餐烧焦，即使这意味着我也会挨饿。

我会在花园里竖起一些丑陋的东西，故意惹恼邻居。

我想要看到一个同事失败，即使这意味着我今年得到的奖金会少一些。

结账时，我会慢慢来，只是为了让排在我后面的人多等一会儿。

2014年，华盛顿州立大学的戴维·马库斯向公众提出了这些问题。这是第一次有人尝试用问卷调查的方式来量化我们的恶意。对于每一道题目，他们发现，大约有5%到10%的人选择同意题目中的表述。[1]

当然，调查问卷是通过假设情境中的自我报告，来评估人们的行为。在真实的情境中，人们的行为方式可能会大不相同。这是心理学研究中的一个长期存在的问题。早在20世纪30年代，斯坦福大学的研究人员理查德·拉皮尔 (Richard LaPiere) 就观察到，人们经常在言谈中表现出种族歧视的态度，但是当他们遇到其他种族的人时，他们却不会以那种方式行事。也许你能想起一个年长的亲戚，他在家里表现出让你感到吃惊的种族主义情绪，但是在与其他种族的人交往时，他却是和蔼可亲的。拉皮尔认为这可能是规则，而不是例外。他花了两年时间与一对年轻的中国夫妇周游美国，从而验证了这一点。

当时，在美国，中国人普遍面临歧视。当拉皮尔和这对夫妇到达一家旅馆或餐馆时，拉皮尔留在后面照看行李，这对夫妇则上前与店主交谈。拉皮尔仔细观察了

---

1 Marcus et al. (2014). 出于版权原因，我没有使用马库斯问卷调查中的问题，但是你可以在他的论文中读到它们。我得到的数据（对上述问卷中的任何问题，通常有5%到10%的人会给出肯定回答），不是来自论文本身，而是来自作者的原始数据，这些数据是由该研究的主要作者戴维·马库斯教授提供给我的。

店主的行为。这次自驾旅行长达一万英里，在这个过程中，他们曾在184家餐馆就餐，没有一家餐馆拒绝招待他们。他们总共到访了66家旅馆，只有一家旅馆将他们拒之门外。

他们唯一的一次被拒绝，还是因为店主误以为他们是日本人，店主说"我不接待日本人"。在旅行结束6个月后，拉皮尔给他们到过的这些餐馆和旅馆邮寄了问卷，问其是否愿意接待中国客人。有超过90%的店家表示，他们将不会接待中国人。[1]人们的态度与行为可能有很大的不同，就这个例子而言，我们应该感到欣慰。

尽管如此，有一项关于恶意的研究，其结果与马库斯的问卷调查的研究结果相似。这项研究借鉴了拍卖的操作方式。想象一下，你在 eBay 上看到有人在竞拍一台平板电视，出价50美元。你怀疑另一个竞拍者准备支付至少200美元，所以即使你对这台电视不感兴趣，还是会出价100美元，只是为了迫使其他竞拍者出更高的价来购买它。果然，另一个竞拍者再加价，出价110美元。你想了一下，自己还能让他们出更高的价吗？于是，你决定出价150美元，对

1 LaPiere, R. T. (1934) 'Attitudes vs. actions', *Social Forces*, 13 (2), 230–237; Firmin, M. W. (2010) 'Commentary: The seminal contribution of Richard LaPiere's attitudes vs actions (1934) research study', *International Journal of Epidemiology*, 39 (1), 18–20.

方却按兵不动。你的心跳开始加速，汗珠淌了下来。你想：哦，我可能会中标。然后，对方突然出价160美元。你靠在座椅上，长舒一口气，决定不再出价。你恶意竞拍，并侥幸逃脱。你可能会想，我到底为什么要这么做？为什么要浪费自己的时间，还差点浪费掉很多钱，只是为了让一个我不认识也永远不会遇见的人多出点儿钱？如果你在想我是否在说自己，不，这不是我生活中的一个例子。你怎么敢这么想。我在竞拍一个花瓶。

撇开有损个人形象的轶事不谈，2012年，经济学家埃里克·金布罗（Erik Kimbrough）和J. 菲利普·赖斯（J. Philipp Reiss）研究了拍卖中恶意竞拍有多频繁。他们设置了拍卖规则，出价最高者中标，但其需要支付的价格是第二高的报价。在这种情况下，出价第二高的竞拍者，可以选择抬高中标者需要支付的价格，但不会冒自己中标（拍得物品）的风险。

研究人员发现，大约有1/3的人，基本上每次都会给出最恶意的出价。[1]这个比例是很高的。然而，还有1/3的人，则是基本上每次都会给出完全不恶意的出价。由此可见，大多数竞拍者要么完全不恶意地出价，要么给出最恶意的

1 Kimbrough, E. O. and Reiss, J. P. (2012) 'Measuring the distribution of spitefulness', *PLoS One*, 7 (8), e41812.

出价。恶意似乎不仅集中在某些人身上，还往往是一种要么全有要么全无的现象。所以，如果你说前文的调查问卷中的恶意表述对你来说完全陌生，我相信你。当然，这也让我怀疑，你是个有点不切实际的"行善者"(do-gooder)。在第二章中，我将从进化角度解释，我为什么会用这个带有一丝贬义的词。

在这项拍卖活动中，人们不会因为伤害他人而付出任何个人代价，至多是浪费了一些时间和精力来研究如何抬高报价。不管怎样，他们不需要为自己的恶意付出什么代价。但如果竞拍者不得不为恶意出价而支付少量费用的话，那会发生什么？如果人们需要为自己的恶意付出代价，恶意会消失吗？

为了回答这个问题，我们可以转向另一个实验，在这个实验中，你可以赢得真金白银。如果你选择恶意，就一分钱都拿不到。这个实验就是最后通牒博弈，是由德国科隆大学的研究人员发明的，最初是在1977年秋天进行的。这是一项简单的实验，但影响很大。在学术界，如果有人对你的研究工作感兴趣，你会很高兴。已有5000多篇科研论文引用了最初的最后通牒博弈实验，如今，它仍然被人们用来研究恶意。无论是在美国的实验室，还是在婆罗洲 (Borneo) 的空地上，总之在某个地方，有人可能正在研究它。

*

1977年，在那个发生了一系列暴力事件的德意志之秋，33岁的维尔纳·古斯 (Werner Güth) 来到科隆大学任教并获得了教授职位。那里的博弈论学者们，非常希望他研究人们的行为，并给了他1000马克作为研究经费。他设计了一个实验，灵感来自他的童年。[1]在他小时候，当他和兄弟分一块蛋糕时，通常是一个人把蛋糕切成两份，再由另一个人选择拿。从理论上讲，负责切蛋糕的人，会尽可能地把蛋糕切得公平。实际上，每次分蛋糕，他和兄弟仍然会争论不休。受此启发，古斯设计出了最后通牒博弈实验，争论也随之而来。

这个实验是这样的，你将和隔壁房间的另一个参与者玩一个游戏。有人告诉你，另一个参与者 (提议者) 得到了一笔钱，比如10美元，并被要求分给你一些。如果你选择同意按提议者提出的方案来分，你就能拿到提议者分给你的那份钱，剩下的钱则归提议者所有。然而，你也可以选择拒绝提议者的分钱方案。如果你这样做了，你和提议者都将一无所获。这个游戏，你只能玩一次。因此，提议者提

1　Poundstone, W. (2011) *Priceless: The hidden psychology of value.* London: Oneworld Publications.

出的分钱方案，是一个最后通牒：要么接受它，要么一无所获。

　　假设在玩这个游戏时，你收到了另一个参与者提出的方案，发现对方得到了10美元并提出分给你2美元。这意味着对方将把剩下的8美元留给自己。你会接受吗？记住，这是真钱，不是假钞或无实际价值的钱 (monopoly money)。你脑子里在想什么？是：对方完全可以不用给我分任何钱，他们提出给我2美元，真是太好了，我会接受。或者是：这不公平，但2美元总比没有好，所以我会接受。也可能是：这不公平。我会拒绝，给他们一个教训。或者你可能在想：啊，所以你认为你比我更值钱，是吗？嗯，你不会得到那8美元的，我只不过是付出2美元的代价而已。

　　专家们认为人们会怎么做？经济学家和数学家们预计，只要不是零，人们会接受对方提出的任何分钱方案。经济学家将 (最后通牒博弈) 参与者视为"经济人"，认为他们会按照使自己的收益最大化原则来行动。他们是受物质利益驱使的，如果有人提出给他们分一些钱，因为对他们来说这钱是白来的，所以他们会接受，而不是拒绝。毕竟，有总比没有好。

　　但这并不是古斯和其同事所发现的。人们经常不以能使自己的物质利益最大化的方式行事，即使是白来的钱，如果只能分到其中的一小部分，他们经常会拒绝接受。如今，我们已经知道，在最后通牒博弈中，如果提议者只从10美元中拿出2美元或更少的钱分给回应者，在收到这种提议的所有回应者中，大约有一半的人会拒绝接受。[1]回应者（也许你也一样）表明，他们宁愿谁都得不到钱，也不愿自己只得到一点，而对方却得到很多。

　　古斯第一次报告他的研究发现时，经济学家往往有两种反应：要么是问"科隆大学的那些学生是傻瓜吗"，要么是想知道古斯的实验是否没做对或实施有误。[2]如果回应者明白这个实验的游戏规则，他们怎么可能拒绝白来的钱呢？在这个实验中，有些提议者也感到困惑，他们提出将一小部分钱分给回应者，却遭到了他们恶意的拒绝。其中一位提议者因回应者拒绝了他提出的较低份额而感到不安，哀叹道："我没得到一分钱，因为那些回应者都是傻瓜！你怎么能拒绝数额大于零的钱，而宁愿一无所获呢？他们根本没弄清游戏规则！"[3]尽管如此，古斯的这个实验

1 Henrich, J., Boyd, R., Bowles, S., *et al.* (2001) 'In search of Homo economicus: Experiments in 15 small-scale societies', *American Economic Review*, 91, 73–8; Bolton, G. E. and Zwick, R. (1995) 'Anonymity versus punishment in ultimatum bargaining', *Games and Economic Behavior*, 10 (1), 95–121; Thaler, R. H. (1988) 'Anomalies: The Ultimatum Game', *Journal of Economic Perspectives*, 2 (4), 195–206; Yamagishi, T., Horita, Y., Mifune, N., *et al.* (2012) 'Rejection of unfair offers in the Ultimatum Game is no evidence of strong reciprocity', *Proceedings of the National Academy of Sciences*, 109 (50), 20364–20368.

2 Poundstone (2011).

3 Ibid.

已被世界各地的研究人员重复了无数次，他们也发现了类似的结果。

几年后，在德国科隆大学西侧与之相距6000公里的地方，另外一个研究小组独立提出了最后通牒博弈构想。丹尼尔·卡尼曼 (Daniel Kahneman) 就是这个研究小组中的一员，他后来获得了诺贝尔经济学奖。他们的实验结果与古斯的相似，让他们感到震惊的是，拒绝接受相对较少的钱与经济学理论是相冲突的。"是恶意，愿意付出代价去惩罚，这才是其根本原因"，卡尼曼说。"真正令人困惑的是"，他补充说，"经济人假设可以屹立百年，没有受到质疑，直到有人说'皇帝没有穿衣服'。反例或相反的结果，则是微不足道的。"[1]

公平地说，在最后通牒博弈中，对于被试者会表现出的行为模式，经济学家的预测是准确的。他们只是弄错了被试者的物种，确实有一种被试者，其行为模式与经济学家的预测一致。巴德尔-迈因霍夫帮成员在狱中的死亡事件，无论真相如何，我们至少可以设想一种基于恶意自杀的解释。然而，这样的解释会让我们人类的近亲黑猩猩感到困惑。诚然，对于20世纪70年代的西德政治，黑猩猩通

1　同32页注释2。

常是缺乏兴趣的，它们对英语的掌握可以说是非常有限的。然而，它们之所以理解不了 (巴德尔-迈因霍夫帮成员) 自杀的潜在恶意本质，是因为有一个更根本的障碍，那就是它们不会产生恶意。

黑猩猩会以牙还牙，如果另一只黑猩猩伤害了它，它是会报复的。[1]但是在类似最后通牒博弈的实验中，它并不会付出代价去惩罚另一只分赃不均的黑猩猩。[2]只要分得的好处大于零，它就会接受。我们的另一个近亲倭黑猩猩，也是如此。[3]相比之下，我们人类，无论从想象还是实际情况来说，都有可能把香蕉扔回去，也就是说，我们可能会拒绝接受不公平的分配方案。[4]

诚然，经济学家对人们在最后通牒博弈中的行为的预测，确实与某个特定的西方人群的行为相近。在最后通牒博弈中，相比于普通人，这一群体的成员更有可能接受

1 Jensen, K., Call, J. and Tomasello, M. (2007) 'Chimpanzees are vengeful but not spiteful', *Proceedings of the National Academy of Sciences*, 104 (32), 13046–13050.

2 Jensen, K., Call, J. and Tomasello, M. (2007) 'Chimpanzees are rational maximizers in an Ultimatum Game', *Science*, 318, 107–109.

3 Kaiser, I., Jensen, K., Call, J. and Tomasello, M. (2012) 'Theft in an Ultimatum Game: Chimpanzees and bonobos are insensitive to unfairness', *Biology Letters*, 8 (6), 942–945.

4 关于黑猩猩在最后通牒博弈中的行为，目前存在一些争议。一些研究人员认为，黑猩猩不拒绝不公平的分配方案，是实验运行中的人为因素导致的，它们实际上会对不公平表现出一些抵制；参见 Proctor, D., Williamson, R. A., de Waal, F. B. M., et al. (2013) 'Chimpanzees play the Ultimatum Game', *Proceedings of the National Academy of Sciences*, 110 (6), 2070–2075. 灵长类动物学家认为，心理学家可能低估了黑猩猩的合作能力；Suchak, M. and de Waal, F. B. M. (2016) 'Reply to Schmidt and Tomasello: Chimpanzees as natural team‑players', *Proceedings of the National Academy of Sciences*, 113 (44), E6730–E6730. 这还有待进一步研究。

相对较少的钱。[1]然而，该群体的成员都很奇怪。对于公平这个概念，他们似乎很难理解。当研究人员问他们经济博弈（economic game）中公平的资金分配是什么，这一群体中超过1/3的成员要么拒绝回答这个问题，要么给出一个复杂、难懂的答案。该群体的成员在做决定时似乎也不太会考虑公平因素，他们考虑公平的可能性是普通人的一半。这个群体的成员确实很奇怪，研究人员得出的结论是，"公平的含义，就此而论，对这一群体来说有些陌生"。[2]他们也不太可能为慈善事业捐款。之所以这么奇怪，或许是因为他们在漫长且昂贵的专业学习阶段接触到了许多奇怪的思想。[3]我相信你们已经猜到我说的是谁了，是的，就是经济学家。[4]

由此可见，20世纪70年代，经济学家更擅长预测黑猩猩的行为，而不是擅长预测人的行为。除此之外，我们还能从中学到什么呢？就最后通牒博弈而言，在接受这个实验结果之前，我们需要考虑一下这些结果是否经得起验

1 Carter, J. R. and Irons, M. D. (1991) 'Are economists different, and if so, why?', *Journal of Economic Perspectives*, 5 (2), 171–177.

2 Marwell, G. and Ames, R. E. (1981) 'Economists free ride, does anyone else?', *Journal of Public Economics*, 15 (3), 295–310.

3 Frank *et al.* (1993).

4 当然，大多数是有趣的。话虽如此……Fourcade, M., Ollion, E. and Algan, Y. (2015) 'The superiority of economists', *Journal of Economic Perspectives*, 29 (1), 89–114.

证。这些结果似乎表明，很多人会产生恶意，也就是说，在该实验中，很多人会拒绝接受相对较少的钱。这是否因为这笔钱的总额太少，他们放弃的那一部分对他们来说是微不足道的？两个人分一笔钱，如果这笔钱总额为10美元，提议者只拿出其中的10%分给回应者，那么回应者就可能会拒绝。毕竟，1美元能买什么呢？但如果这笔钱的总额为100美元，他们会拒绝接受其中的10%吗？应该不会吧，10美元，够买一顿晚餐了。

为了回答这个问题，美国经济学家伊丽莎白·霍夫曼(Elizabeth Hoffman)和她的同事投入5000美元来重复这个实验。在每组实验中，两名学生分一笔钱，这笔钱总额为100美元，[1]可以买很多披萨。像往常一样，每名学生只有一次机会，也就是说，只能玩一次。想象一下，你和另一个人分100美元，对方提出了分钱方案。你会接受10美元吗？如果是30美元呢？

霍夫曼和其同事发现，白来的钱，即使达到两位数，有些学生仍会拒绝接受。两个人分100美元，由提议者提出分钱方案，有75%的学生拒绝接受10美元。即使能分得30美元，仍有一半的学生拒绝接受。有一名学生，作为提议

1 Hoffman, E., McCabe, K. A. and Smith, V. L. (1996) 'On expectations and the monetary stakes in Ultimatum Games', *International Journal of Game Theory*, 25 (3), 289–301.

者，提出将100美元中的30美元分给另一名学生，并且在一张纸条上写道，"不要做一名'殉道者'"，因为这笔钱是白来的，是他们最容易赚的钱。这仍没有达到预期的效果。另一名学生拒绝了提议者的分钱方案，并且在给提议者的纸条上写道："人们的贪婪，正在将这个国家推向地狱，成为它的一部分，并付出代价。"[1]

你可能会说，30美元也不算多。那好吧，研究人员也考虑到了这一点。为此，他们专门到印度尼西亚进行了最后通牒博弈实验，让我们看看那里的学生表现如何。[2]在那里，两名学生可以分享的金钱总额，相当于普通学生每月支出的3倍。想想你一个月花多少钱，如果你能白得一笔钱，即使它只相当于你月均支出的10%，你会拒绝吗？在印度尼西亚，某些学生是会拒绝的。如果提议者只将一笔钱的10%到20%分给回应者，大约有10%的回应者会拒绝接受，即使对他们来说，这是很大一笔钱。

在从这个实验得出关于人类行为的重要结论之前，我们还需考虑另一个反对意见。有些人说，在最后通牒博弈中，拒绝接受不公平分配方案这种行为，也许仅存在于"怪

---

1 Poundstone (2011).

2 Cameron, L. A. (1999) 'Raising the stakes in the Ultimatum Game: Experimental evidence from Indonesia', *Economic Inquiry*, 37 (1), 47–59.

异的"(WEIRD: 西方的、受过教育的、工业化的、富裕的和民主的)社会中。[1]人类学家约瑟夫·亨里奇(Joseph Henrich)领导的研究小组，进行了一系列引人注目的研究。研究表明，不同社会的人，在最后通牒博弈中，行为方式差异很大。这项研究工作始于1995年，亨里奇前往秘鲁，在马奇根加人[2](Machiguenga)当中进行最后通牒博弈实验。[3]亨里奇发现，在该实验中，马奇根加人的行为方式，与以前的所有参与者都大不相同。

马奇根加人几乎不会拒绝接受相对较少的钱。10人中仅有1人拒绝接受20%或更低的份额。[4]"对于马奇根加人来说，拒绝'白来的钱'这一行为是很荒谬的"，亨里奇解释说，"他们不明白，为什么有人会拒绝自己本来可以得到的一份钱，只为了惩罚对方(有幸在这个实验中扮演提议者的人)。"由此看来，马奇根加人是可以成为优秀的经济学家的。

接下来亨里奇又前往肯尼亚、厄瓜多尔、巴拉圭和蒙古国等地，在14个小规模社会中进行这个实验，研究结果于2001年发表。报告表明，来自不同社会的人对低份额提

1　Henrich, J., Heine, S. J. and Norenzayan, A. (2010) 'The weirdest people in the world?', *Behavioral and Brain Sciences*, 33 (2–3), 61–83.

2　马奇根加人是土著人，居住在亚马逊盆地，距离马丘比丘(Machu Picchu)不远。

3　https://psmag.com/social-justice/joe-henrich-weird-ultimatum- game-shaking-up-psychology-economics-53135.

4　Henrich *et al.* (2001).

议的反应，存在极大差异。[1] 亚契人 (Aché) 是南美洲的一个游牧部落。研究人员发现，没有一个亚契人拒绝接受2美元或更少的钱(也就是20%或更低的份额)。坦桑尼亚的哈扎人 (Hadza)，生活在东非大裂谷中段，在该实验中，有80%的哈扎人拒绝接受2美元或更少的钱。不同文化背景的人，在恶意方面可能存在差异，但恶意并不是西方人独有的，我将在后面的章节讲到其原因。

最后通牒博弈实验的结果似乎表明：恶意很常见。事实上，恶意似乎渴望从我们体内迸出。当我们的自制力降低时，恶意就会倾泻而出。要验证这一点有一种方法，就是看看醉酒的人在这个实验中的表现有何不同。2004年，匹兹堡的研究人员开始进行这项研究，这就是他们在酒吧外晃荡到凌晨3点的原因之一。[2] 从这项研究中，他们学到了两点。第一点是，"你想来我的移动实验室参与最后通牒博弈实验吗"这一问题并不像听起来那么离奇。研究人员总共邀请到了268人，其中有77人处在酩酊大醉的状态。他们呼出气体的酒精浓度高达0.08，甚至更高，已达到法律上的醉酒标准。第二点是，对于低份额的提议，醉酒的

1　Henrich *et al.* (2001).

2　Morewedge, C. K., Krishnamurti, T. and Ariely D. (2014) 'Focused on fairness: Alcohol intoxication increases the costly rejection of inequitable rewards', *Journal of Experimental Social Psychology*, 50, 15–20.

人比清醒的人更有可能拒绝。当大脑的控制能力有所减弱时，恶意就会得到释放。

另一组研究人员也探究了一个类似的问题。但他们采用了另一种方法，没有选择醉酒的人，所以不用担心被醉酒的人吐到身上。[1] 他们的研究是从一种观察开始的，即自控力就像肌肉一样，[2] 如果我们在短时间内剧烈地使用它，它就会减弱。研究人员邀请了两组人作为被试者，并请他们参与了最后通牒博弈实验。他们让其中的一组被试者，在进行这个实验之前先做一个练习，以消耗其自控力。另一组被试者，则是来到实验室之后直接进行实验，没有消耗自控力。在这一组中，有44%的不公平提议遭到拒绝。而在自控力被消耗的那一组，则有64%的不公平提议遭到拒绝。削弱自控力，会让我们表现得更具恶意。恶意是很容易外露的。

诚然，这些发现都是实验室结果，在现实世界中，恶意是否很常见呢？当我们环顾四周时，除了看到一些轻微的个人间的恶意外，我们还能看到其他什么吗？恶意

1 Halali, E., Bereby-Meyer, Y. and Meiran, N. (2014) 'Between self-interest and reciprocity: the social bright side of self-control failure', *Journal of Experimental Psychology: General*, 143 (2), 745–754.

2 Muraven, M. and Baumeister, R. F. (2000) 'Self-regulation and depletion of limited resources: Does self-control resemble a muscle?', *Psychological Bulletin*, 126 (2), 247–259.

能走多远？在需要实现股东价值最大化的商界，我们能否发现恶意？在政治舞台上，我们是否看到了恶意？到了紧要关头，人们是否真的准备恶意行事，而不是以自身利益为重？我们去寻找恶意时，将从冲突最明显的地方开始，从进化的角度来说，那应该存在于与性和繁殖有关的问题上。[1]

*

2013年，艾伦·马科维茨 (Alan Markovitz) 在前妻住处隔壁买下一栋漂亮的湖边别墅。马科维茨的人生经历可以说是丰富多彩的。他是《无上装的预言家：美国最成功的脱衣舞俱乐部老板的真实故事》一书的作者，[2] 也曾两次遭遇枪击，一次是被脱衣舞女击中，还有一次是被警察击中，但所幸都无生命危险。马科维茨认为前妻在和他离婚前就与一名男子有染，离婚后就与那名男子住在一起了。因此，他花费7000美元，在后院中树起了一个高达12英尺的铜像。又花300美元买了照明灯，架设在铜像旁，使人日夜可见。他将其放在正对着前妻房子的地方。这个巨大的铜

---

1 事实上，部落内部的大多数暴力冲突都是由性冲突引起的。参见Guala, F. (2012) 'Reciprocity: weak or strong? What punishment experiments do (and do not) demonstrate', *Behavioral and Brain Sciences*, 35 (1), 45-59.

2 Markovitz, A. (2009) *Topless prophet: The true story of America's most successful gentleman's club entrepreneur.* Detroit, MI: AM Productions.

像是一只竖起一根手指的手，你可以猜到竖起的是哪一根手指。[1]

几千年前，古希腊哲学家亚里士多德将恶意定义为，"阻碍他人实现愿望但不是为了让自己获得某些东西，而是为了让他人无法获得某些东西"。[2] 如果亚里士多德不是哲学家，他会是一位有见地的离婚律师。他对恶意的定义，与我们在那种闹得不可开交的分手和离婚案例中看到的一致。[3]

濒临破裂的关系常常会释放出恶意。夫妻一方可能会毁掉自己或双方的资产，以防止其落入配偶的手中，即使这也会使自己的境况变得更糟。有人甚至怕被对方描述为恶意的，如在婚姻中受到虐待的某些女性，不敢讲出自己的经历，因为害怕伴侣说她们这样做是出于恶意。[4]

夫妻之间的恶意可能是致命的。科杜拉·哈恩 (Cordula Hahn) 和她的丈夫尼古拉斯·巴尔萨 (Nicholas Bartha) 博士，住在

---

1 https://www.telegraph.co.uk/news/worldnews/northamerica/usa/ 10457437/American-directs-large-middle-finger-statue-at-home-of- ex-wife.html

2 Christensen, N. A. (2017) 'Aristotle on anger, justice and punishment' (unpublished doctoral dissertation). University College London.

3 Scott, E. S. (1992) 'Pluralism, parental preference and child custody', *California Law Review*, 80 (3), 615–672.

4 Laing, M. (1999) 'For the sake of the children: Preventing reckless new laws', *Canadian Journal of Family Law*, 16, 229–283.

纽约上东区的一栋4层楼房中，这栋房子建于19世纪。[1] 对于巴尔萨来说，这不仅仅是一栋房子。他是罗马尼亚移民，这栋房子象征着他实现了美国梦。在他们离婚时，他称妻子为"拜金女"，不想让妻子染指那栋房子。但法官不这么认为。法官下令让他卖掉那栋房子，付400多万美元给前妻。2006年7月10日，巴尔萨在那栋房子的燃气管道上安装了一根很长的软管，使之与燃气管道相连通。他把软管展开，拉到地下室，使地下室里充满了燃气。巴尔萨（《纽约邮报》称他为"砰砰博士"）就待在房子里，然后房子轰然爆炸。砖块如雨点般地落下来，落在上东区——纽约富人区之一。巴尔萨被从废墟中救出，昏迷6天后去世了。恶意使他失去了一切。

财产可能并不是夫妻之间恶意所致的唯一附带损害，父母之间的恶意也可能会波及孩子。夫妻交恶时，父母可能把孩子作为武器。[2] 他们可能会争夺孩子的监护权，只是为

---

1 http://nymag.com/news/features/18474/index1.html; https://www. nytimes.com/2006/07/11/nyregion/11doctor.html; https://nypost. com/2006/07/12/honey-i-blew-up-the-house-dr-booms-wife-says- its-tragic-explosive-woe-for-ex/

2 Johnston, J. R. (2003) 'Parental alignments and rejection: An empirical study of alienation in children of divorce', *Journal of the American Academy of Psychiatry and the Law Online*, 31 (2), 158–170.

了刁难对方。[1] 毫无疑问，这会损害孩子的发展。[2]

夫妻之间的恶意甚至可能导致某一方杀婴。在《自私的基因》(The Selfish Gene) 一书中，生物学家理查德·道金斯 (Richard Dawkins) 提到了恶意，在一个特殊的情境中，假设一个女人被丈夫抛弃。道金斯写道："孩子的基因有一半来自那个男人，这对她来说可不是什么安慰。她可以通过遗弃孩子来报复那个抛弃她的丈夫。以恶报恶是没有意义的。"然而，一些父母显然认为这种行为是有道理的，因为美狄亚不仅仅是一个神话。亲手杀死自己孩子的，也不总是母亲。

1999年6月20日，美国父亲节那天，在印第安纳州的富兰克林县，警察在破晓时分接到一个报警电话，这个电话来自罗纳德 (Ronald) 和艾米·沙那巴尔格 (Amy Shanabarger) 夫妇家。前天晚上，艾米很晚才下班回家。到家后，她就上床睡觉了，她以为他们的宝贝儿子泰勒 (Tyler) 已经睡着了，所以就没有去婴儿房看他。他长得很好，最近已经能独坐了，喜欢和大人玩"躲猫猫"[3]。"泰勒怎么样？"艾米在入睡前问罗纳德。"很好。"罗纳德低声说。

---

1 Scott (1992).

2 Baker, A. J. L. (2005) 'The long-term effects of parental alienation on adult children: A qualitative research study', *American Journal of Family Therapy*, 33 (4), 289–302.

3 peek-a-boo，大人把自己的脸藏在毛巾后面，靠近婴儿时把毛巾拿开。——译者注

　　父亲节那天早晨，艾米走进泰勒的房间，发现他的脸朝下趴在摇篮里，已经死了。泰勒的尸体被送到印第安纳大学医疗中心尸检，病理医生认为他死于婴儿猝死综合征（SIDS）。1岁以下婴儿如果突然意外死亡，医生就可能给出这种诊断。几天之后，真相才浮出水面。

　　泰勒的出生和死亡是由一件事引发的，这一切始于3年前。那时，罗纳德和艾米还没有结婚。当罗纳德的父亲去世时，艾米正和她的父母在游轮上。罗纳德要求艾米立即返回，参加他父亲的葬礼。她拒绝了，罗纳德很不高兴。他告诉他的同事，他不知道自己是否能够原谅她。然而，第二年，他和艾米结婚了。1998年感恩节那天，泰勒出生了。罗纳德没有去医院探望他的妻子和刚出生的儿子，事情好像有点不太对劲。1999年父亲节那天，来他们家的那些人，也注意到了这一点。警察赶到时，艾米正在抽泣，但罗纳德显得冷漠和疏远，完全不安慰妻子。当艾米的父母来到他们家看望女儿时，罗纳德送给她父亲一把刀当作父亲节礼物。

　　泰勒死后第二天，谜团才被揭开。儿子的葬礼结束后，罗纳德把妻子拉到一边，告诉她泰勒不是自然死亡的，然后说出了事情的经过。艾米上班时，他用透明薄膜裹住泰勒的头部，等泰勒窒息后，他去另一个房间吃了点东西，刷了牙，20分钟后才回到儿子的房间。他拿掉透明薄膜，把泰勒脸朝下放在摇篮里，然后就上床睡觉了。罗纳德说他之所以这样做，是因为艾米拒绝提前结束旅行，没来参加他父亲的葬礼。罗纳德娶了她，让她怀孕，等儿子出生，在迎来人生中的第一个父亲节的时候，亲手杀掉自己的儿子。他被判了49年。这个故事不是独一无二的，为报复配偶而杀死自己孩子的案例并不罕见。[1] 我们在这里就不详述了。

人们也会通过自杀来释放恶意。"恶意自杀"是确实存在的。[2] 乔舒亚·拉文德兰 (Joshua Ravindran) 是澳大利亚的一名大学生。他与父亲关系非常密切，和父亲同住在一所房子里。后来，有些人说，他和父亲的关系是"特别的"和"独特的"。如果你和某人的关系被描述为"特别的"和"独特的"，有时并不是什么好事。当乔舒亚告诉父亲他想搬出去住时，父亲和他发生了激烈的争吵。第二天，乔舒亚发现他的父亲吊死在一根绳子上，绳子是绕在脖子上的。经过法院审判，得出的结论是，他的父亲"善于操纵和控制"，完全有可能是恶意自杀。他可能想通过上吊自杀来使儿子

---

1 https://www.telegraph.co.uk/news/uknews/2480795/Depressed- mother-Emma-Hart-killed-five-year-old-son-to-spite-his-father.html; https://www.nbcnews.com/news/us-news/texas-mom-who-killed- daughters-called-family-meeting-shootout-n599961

2 See Joiner, T. (2010) *Myths about suicide*. Cambridge, MA: Harvard University Press.

对他们的争吵感到愧疚。[1]

危机谈判员非常熟悉恶意自杀。一位谈判员回忆说，一名男子持刀威胁要自杀，要求将他的妻子带到现场。[2] 警方劝说他妻子来到现场。一见到她，那名男子就说，"看看你对我做了什么"，然后就挥刀剖腹自残。在另一个例子中，一名警官来到他前女友的公寓，踢开门后，与她和她的新男友对峙。这名警官也喊道："看看你对我做了什么。"不过，他没有剖腹自残，而是朝自己的头部开了一枪。[3] 哲学家玛莎·努斯鲍姆 (Martha Nussbaum) 说过这样一句话，大意是：人们永远无法保证爱不会生恨或导致死亡。[4]

古斯在最后通牒博弈中发现的恶意行为，在人际关系中非常常见。对于上面的一些案例，最好的解释也许是，那些都是让人不可理喻的疯狂行为。确实，在精神病患者的辩护中，没有谁比杀死自己孩子的母亲更有可能取得成功。[5] 此外，对于特定的案例，我们需要以特定的

---

1 https://www.smh.com.au/national/nsw/joshua-ravindran-not-guilty- of-murdering-his-father-ravi-20130815-2ryn8.html; http://www.stuff. co.nz/world/australia/9050701/Fathers-suicide-may-have-been- spiteful-judge

2 Lanceley, F. J. (2005) *On-scene guide for crisis negotiators*. Washington, DC: CRC Press.

3 同46页注释4。

4 To adapt something once written by the philosopher Martha Nussbaum: Nussbaum, M. C. (2013) *The therapy of desire: Theory and practice in Hellenistic ethics*. Princeton, NJ: Princeton University Press.

5 See Resnick, P. J. (2016) 'Filicide in the United States', *Indian Journal of Psychiatry*, 58 (suppl. 2), S203.

方式来解释。例如，我们需要从人类性行为进化的视角来解释恶意杀婴。[1] 尽管如此，我们仍然可以从根源上寻求人们为什么会产生恶意。然后，巨大的恶意就可以被理解为平常恶意的剧增。如果我们了解了橡子，我们就会了解橡树。

*

我们可能会认为，经商的人也许会抛开家庭事务中的那种激情。他们的行为方式也许会与"经济人"的一致，总是按照自己的物质利益行事。唉，不是的，商业对手之间的恶意行为是相当常见的。

在意大利，对于拖拉机制造商来说，1958年是个好年份。意大利一家拖拉机厂的老板费鲁吉欧 (Ferruccio)，不仅给自己买了一辆法拉利，也给他的妻子买了一辆。然而，费鲁吉欧不是一个出色的车手，在他第四次烧坏了法拉利的离合器后，他决定让他的拖拉机厂的机械师修理它，而不是将车拖到附近的法拉利车厂维修。机械师惊讶地发现，法拉利使用的离合器竟然与费鲁吉欧的小型拖拉机所使用的一模一样。[2] 机械师将他的发现告诉了老板，费鲁吉欧很

1 Daly, M. and Wilson, M. (1988) *Homicide*. New York, NY: Transaction Publishers.

2 https://www.caranddriver.com/features/a25169632/lamborghini- supercars-exist-because-of-a-tractor/?

不高兴。要知道，法拉利离合器的要价，是与之完全相同的拖拉机离合器的100倍。费鲁吉欧去找法拉利公司的创始人恩佐·法拉利 (Enzo Ferrari) 理论。他们的谈话变得激烈起来。"你的法拉利所使用的某些零件，竟然与我的拖拉机零件一模一样！"费鲁吉欧愤怒地说。恩佐·法拉利的回答更是火上浇油："你是个开拖拉机的农夫。开我的车，你不应该抱怨，因为它们是世界上最好的车。"[1]就在这时，费鲁吉欧决定制造自己的跑车，向法拉利展示应该如何制造更好的跑车。"这是要冒很大风险的"，正如他妻子反复告诉他的那样。但费鲁吉欧准备冒这个险，他是出于恶意而采取行动的。最终，他和以他的姓氏命名的公司都很成功。费鲁吉欧的姓氏是兰博基尼 (Lamborghini)。

这种恶意行为至今仍然存在，甚至存在于商业巨头中。以沃伦·巴菲特 (Warren Buffett) 为例，他是世界上最著名的投资者，也是世界上最富有的人之一。[2]巴菲特于1962年开始购入伯克希尔·哈撒韦 (Berkshire Hathaway) 的股票，当时哈撒韦是一家经营不善的纺织公司。该公司管理层正在卖掉一个又一个纺织厂，并用卖工厂的钱回购股票。巴菲特认为

---

1 同48页注释1。

2 https://www.cnbc.com/2018/05/05/warren-buffett-responds-to-elon-musks-criticism-i-dont-think-hed-want-to-take-us-on-in-candy. html; https://www.cnbc.com/2018/05/07/moats-and-candy-elon-musk-and-warren-buffet-clash.html.

他可以从中获利。他先买入该公司的股票，等到该公司卖出一家工厂后，就把手中的股票再卖给该公司。公司管理层问他会以什么价格出售股票，巴菲特说他会以每股11.5美元的价格出售。几周后，公司发出要约，要约收购价不是每股11.5美元，而是每股11.375美元。这1/8美元的差别被证明是一个代价高昂的错误。它违背了巴菲特的道德准则。巴菲特一怒之下买入了更多股票，取得控制权，并解雇了该公司的经理。然而，由于将资金投入到了纺织行业，巴菲特无法拿出更多的钱来进行更有利可图的投资。他因恶意收购了纺织公司，据巴菲特自己估计，从长期来看，此举使他损失了2000亿美元。因此，巴菲特现在建议"如果你陷入一个糟糕的行业，那就离开它，无论怎样，别和自己过不去"。[1]

一些成功的商人能够抵制恶意的诱惑。我们再举一个与巴菲特有关的例子。巴菲特创造了"护城河"(moat)这一比喻，来描述大公司相对于初创公司如何拥有竞争优势。埃隆·马斯克(Elon Musk)不同意这个观点，他也是地球上最富有的人之一，而且很快会成为火星上最富有的人。他认为新技术可以使护城河变得多余，甚至称这个护城河概念"蠢

1　　https://www.cnbc.com/id/39724884.

脚"。巴菲特不同意，他说："埃隆可能会颠覆某些领域，但我觉得他不会想在糖果领域和我们竞争。"巴菲特拥有喜诗糖果公司。马斯克在推特上做出回应："我要开一家糖果公司，它会非常棒。"他补充道："我非常非常认真。"如今，人们可以从马斯克那里买到或得到很多东西，包括汽车、火箭和火焰喷射器，还有纪念一只大猩猩的说唱歌曲，[1] 但糖果不在其中。

　　恶意似乎是一种私事，但它也可能在群体间的谈判中展露，群体间的谈判也包括公司和工会之间的谈判。在这里，如果任何一方是出于恶意行事的，很多人就可能会永远失去工作和生计。[2] 在谈判中，了解哪些因素可能引发对方的恶意反应是至关重要的。

　　因此，无论是在私事上的，还是在职场上的恶意，都可能会使人们付出沉重的代价。此外，它也有可能影响世界舞台上的事件，具有恶意的人甚至可能改变我们的世界。

　　＊

　　恶意也可能会在投票站这种暗处滋生。19世纪，法国

1　https://www.rollingstone.com/music/music-news/elon-musk-rap- song-rip-harambe-815813/.

2　Carpenter, J. and Rudisill, M. (2003) 'Fairness, escalation, deference and spite: strategies used in labor-management bargaining experiments with outside options', *Labour Economics*, 10 (4), 427–42.

社会心理学家古斯塔夫 · 勒庞 (Gustave Le Bon) 就看到了恶意或泄愤式投票 (spiteful voting) 行为。勒庞断言，当街上的普通人选出他们自己的一个同伍来担任公职，其中就涉及恶意或泄愤。他认为，他们这样做是"为了向某个有名望的人或有权势的大雇主泄愤，尽管这些人是选民依靠的对象，但是通过这种方式，选民能够一时产生成为其主人的幻觉"。[1]

勒庞所说的泄愤式投票至今仍然存在。根据通常的政治理论，人们投票是为了增加他们喜欢的候选人获胜的机会。然而，2014年的一项研究发现，在对现有候选人不感兴趣的选民当中 (对他们来说，谁当选都无所谓)，有14%的人仍会去投票站投票，他们这样做就是为了向某位候选人泄愤。如果这些选民发现某位候选人违背了承诺，他们就会通过投票给其对手来泄愤。[2]

"恶意—选民" (spite-voter) 这个精辟的术语，最早于2004年出现在免费另类周刊《纽约新闻》(New York Press) 的一篇文章中。马克 · 艾姆斯 (Mark Ames) 是该文章的作者，他认为左派难以理解一个事实，这个事实是，"数以百万计的美国人，尤

1 Le Bon, G. (1897) *The crowd: A study of the popular mind.* New York, NY: Fischer.

2 Aimone, J. A., Luigi, B. and Stratmann, T. (2014) 'Altruistic punish- ment in elections', CESifo Working Paper, No. 4945, Center for Economic Studies and Ifo Institute (CESifo), Munich, https://www.econstor.eu/bitstream/10419/102157/1/cesifo_wp4945.pdf

其是白人男性，不会为了他们所谓的最大利益而投票"。艾姆斯的解释是，这些选民投票是为了让那些比自己更幸福、更出众、更富有的人过得更糟一些。正如艾姆斯所说，他们投票是"出于恶意"的。

在艾姆斯看来，"恶意—选民"的动机不是理性自利，而是表达反抗，蔑视那些做得更好、更有学识且有胆量想要帮助底层群体的人。艾姆斯认为，如果有一个"完美的恶意总统"(perfect spiteist president)，那他可能就是理查德·尼克松。正如艾姆斯所说，尼克松这个人"看起来很刻薄，说话也很刻薄，并且打压那些性高潮过多的嬉皮士"。在2004年美国总统大选期间，乔治·布什与约翰·克里对决。艾姆斯在一篇文章中给左派提了建议，告诉他们如何安抚"恶意—选民"，"不要激起错误的憎恨"。12年后，希拉里·克林顿(Hillary Clinton)说，特朗普的半数支持者都是"可悲之人"(a basket of deplorables)。这样一来，她激起了那些选民的憎恨，而且是毫无掩饰的。

恶意不仅会影响我们选谁、影响谁当选，也会影响到当选官员所奉行的政策以及我们对这些政策的看法，如与收入分配有关的政策。我们可能会认为，在经济形势变得严峻的时期，人们会更加支持政府采取措施来缩小贫富差距。然而，在2008年美国经济衰退时，对于政府的收入再分配政策，人们的态度变得不那么积极了。[1] 这似乎是因为有些人不希望减税，因为减税虽然会使他们自己的收入稍好一些，但同时也会将那些比自己穷的人提升至和自己差不多的收入水平上。我们表现出"厌恶最后"（last-place aversion）。[2]

我们不仅厌恶排在最后，还厌恶排在最前面的人，这种厌恶也会使我们变得充满恶意。假设你被任命为你所在国家的财政部长，一位公务员走进你的办公室，让你从两个选项中选择一个。选项一是让社会上最富有的人多交50%的税，这笔收入将使你可以给每个穷人发500美元。选项二是让最富有的人多交10%的税。然而，这种低税率会激励富人更加努力地工作，从而你得到的税收收入也会更多，你可以给每个穷人发1000美元。你选择哪个？

2017年，心理学家丹尼尔·斯尼瑟（Daniel Sznycer）和他的同事分别从美国、英国和印度招募了一些被试者，给他们上

1　https://www.scientificamerican.com/article/occupy-wall-street- psychology/; Kuziemko, I., Buell, R. W., Reich, T., *et al.* (2014) ' "Last- place aversion": Evidence and redistributive implications', *Quarterly Journal of Economics*, 129 (1), 105–149.

2　kuziemko *et al.* (2014).

述两个选项，问他们怎么选择。[1] 大约85%的人选择了选项二，选择了双赢的局面，尽量减少富人的痛苦，并最大限度地帮助穷人。然而，有15%的人选择了选项一，表现出了截然不同的倾向。他们的选择意味着，对富人的伤害最大化，对穷人的帮助最小化。为了让所有人都输，他们选择了恶意。

*

即使不热衷于人际关系、工作或政治，你仍然应该畏惧恶意。这是因为它可以摧毁我们所有人，可能对人类生存构成威胁。尼克·波斯特洛姆 (Nick Bostrom) 是牛津大学的哲学家，他让我们想象一下，一个帽子里装满了小球，而人类的创造性或者提出新想法的能力就像是从帽子里掏出小球。[2] 迄今为止，我们掏出的小球大多是白色的。白色小球代表的是对世界有益的想法或技术。此外，我们还会掏出灰色小球，灰色小球代表利弊并存的技术或想法。核裂变就是一个灰色小球，它带来新能源，也带来了危险的武器。

1 Sznycer, D., Seal, M. F. L., Sell, A., *et al.* (2017) 'Support for redistribution is shaped by compassion, envy and self-interest, but not a taste for fairness', *Proceedings of the National Academy of Sciences*, 114 (31), 8420–8425.
Bostrom, N. (2019) 'The vulnerable world hypothesis', *Global Policy*, 10 (4), 455–476.

2 Bostrom, N.(2019). 'The vulnerable world hypothesis', *Global Policy*, 1014, 455-476.

波斯特洛姆警告说："帽子里还潜藏着另一种类型的小球，迄今为止还未被任何人发现。"这个球一旦被掏出，就会产生一项足够毁灭人类的新发明。它是一个黑色小球。

我们还没有掏出一个黑色小球，纯粹是因为运气好。波斯特洛姆问道："如果核武器不那么难制造的，而是真的很容易制造，会发生什么？想象一下，如果有人能在自己的小屋里制造出核弹，后果会怎样。[1]"波斯特洛姆担心，如果一个黑色小球出现，某些人就会干出足以毁灭文明的事情，即使他们要付出高昂的代价。他称他们为"末世余孽"(the apocalyptic residual)，"末世余孽"将是一个恶意的人。若要阻止一个恶意的物种自我毁灭，那就要靠正确的方法。在第一个黑色小球出现之前，我们需要理解和控制恶意。这需要时间，但我们目前尚不清楚还有多长时间。

*

尽管某些人比其他人更有恶意，但我们并不知道他们是谁。初步研究发现，一般来说，男性比女性更有恶意，[2]

---

1 有关核裂变的具警示性的故事：https://en.wikipedia.org/wiki/David Hahn；有关核聚变的一个鼓舞人心的故事：https://www.nationalgeographic.com/news/2015/07/150726-nuclear-reactor-fusion-science-kid-ngbooktalk/

2 Eckel, C. C. and Grossman, P. J. (2001) 'Chivalry and solidarity in Ultimatum Games', *Economic Inquiry*, 39 (2), 171–188; Marcus *et al.* (2014).

年轻人比老年人更有恶意。[1] 恶意的人可能具有攻击性、更冷酷无情、善于操纵和剥削，[2] 也更可能具有较低的同理心、自尊心、责任心和亲和性 (agreeableness)。[3]

恶意与拥有黑暗三联征 (由精神变态、自恋和马基雅维利主义三种人格特质构成) 有关。黑暗特质可被理解为黑暗核心的外在表现，这个黑暗核心被称为黑暗人格因素 (Dark Factor of Personality) 或可被简称为D因素 (D-factor)。[4] 这是一种倾向，即抓住自己所看重的东西 (如快乐、权力、金钱和地位)，同时无视、接受，甚至享受可能给他人造成的任何伤害。黑暗人格因素 (D因素) 分数高的人，会给自己讲故事，会运用一系列的信念使自己的行为合理化。例如，他们相信自己高人一等，支配别人是自然的和值得做的。每个人都首先考虑自己，所以他们这样做也没问题。[5]

从恶意与黑暗人格的关系来看，它似乎是值得我们蔑视的。但这只是事情的一个方面，恶意也有正向好处。关

1 Marcus *et al.* (2014).

2 Ibid.; Lynam, D. R. and Derefinko, K. J. (2006) 'Psychopathy and personality', in C. J. Patrick (ed.), *Handbook of psychopathy* (pp. 133–155). New York, NY: Guilford Press.

3 Marcus *et al.* (2014); Lynam and Derefinko (2006).

4 Moshagen, M., Hilbig, B. E. and Zettler, I. (2018) 'The dark core of personality', *Psychological Review*, 125 (5), 656–688.

5 Ibid.

于最后通牒博弈实验，我重点讨论的是，在收到低份额的提议时，回应者会怎么做。在2010年出版的《理性乐观派》(The Rational Optimist) 一书中，科普作家马特·里德利 (Matt Ridley) 关注的是最后通牒博弈中的提议者会怎么做。[1] 提议者通常是相对公平的，愿意将略高于40%的份额给回应者。[2] 里德利指出，"慷慨似乎是与生俱来的"。然而，提议者这样做的部分原因是，他们担心对方有恶意的一面。一个不慷慨的提议可能引发恶意，让他们一无所获。当有人拿枪指着你的脑袋的时候，你表现得慷慨，那是出于利己的动机。恶意可能不仅仅是对不公平的一种反应，也许还能帮助人们变得公平。

1　Ridley, M. (2010) *The rational optimist: How prosperity evolves*. London: Fourth Estate.

2　Oosterbeek, H., Sloof, R. and Van de Kuilen, G. (2004) 'Cultural differences in Ultimatum Game experiments: Evidence from a metaanalysis', *Experimental Economics*, 7 (2), 171-188.

一把枪，在正确的人手里可以拯救生命，但在危险的人手里却可以结束生命。对恶意的另一个误解是它从根本上就有问题，它显然会促使某些人作恶。然而，正如我们将看到的，恶意也可被用于促进公平和激发创造力。但在某些特定类型的人手里，它更有可能成为问题。在最后通牒博弈中，如果我们仔细观察拒绝接受低份额提议的那些人，我们就会发现，这个群体是由两种不同类型的人组成的。其中一种类型的人，用恶意来达到平等目的；而另一种类型的人，则用恶意来达到支配目的。为了理解这一点，我们需要思考一个关于人类的基本且有争议的问题：我们是什么类型的？

第二章

反支配性恶意

我们经常为了个人的相对优
势而惩罚或刁难他人，但却自欺
欺人地认为，我们这样做是出于
道德原因。

关于我们人类是什么样的，是热爱平等、主张人人平等的，还是追求权力、喜欢支配别人的？这种争论已经持续了几个世纪。所有的答案都是有争议的，这是因为：无论对错，答案都有政治含义。

如果你相信，人类适合生活在存在支配关系的等级（dominance hierarchies）社会中是进化之结果，那么你可能就会认为理想的社会注定要失败。

基于人类学家克里斯托弗·博姆（Christopher Boehm）的研究，我认为，我们人类进化出了平等主义的倾向，也进化出了寻求支配地位的倾向。我们是二合一的，哪个方面占主导地位则取决于世界的状况。不幸的是，我们忘了这一点，总是把一部分错当成整体。

我们是优胜者的后代，他们在我们行为当中映现。他们促使我们以他们的方式应对这个世界，即使他们的世界早已不复存在。要了解我们自己，我们必须清楚我们的祖先是如何做的，在应对他们所面对的世界时，他们的哪些策略是最成功的。回答这个问题的方法，就是挖掘。然而，尽管死者不说谎，但他们也不会坦率地给出真相。值得庆幸的是，我们可以求助于活人。在当今，还有一些狩猎采集者部落，他们的生存环境与我们祖先进化时所处的生存环境相似。他们给我们提供了一个了解我们进化史的窗口，所以并不是所有的时间旅行者都需要一个"塔迪斯"[1]
(Tardis)。

当代狩猎采集者所面临的挑战，与更新世晚期 (late
Pleistocene, 大约5万年前) 的现代人类祖先所面临的挑战类似。如今
的狩猎采集社会，大多是由20—30人组成的独立行动的群
体，成员并非都来自于一个家族。[2]他们狩猎并与其他成员
分享他们所捕获动物的肉。博姆考察了300多个这样的狩
猎采集社会并得出了明确的结论：当今的狩猎采集社会都
有着平等的社会结构。博姆由此推断，在更新世晚期，地
球上几乎所有的人都在实践这样的平等主义。[3]

这种平等主义表现为，无法容忍寻求权力的群体成
员。在狩猎采集社会中，一个群体不会容忍试图支配和欺
凌他人的群体成员。[4]昆人 (Kung) 是一个生活在非洲的狩猎
采集族群，该族群的一个成员说："如果一个年轻人因狩猎
本领出众而自视甚高，开始把自己视为酋长或大人物，而
把我们其他人视为他的仆人或下等人 (对于昆人来说，这种行为令人
不安)，我们不能接受。我们排斥那种自大的人，因为总有一

---

1 英国科幻电视剧《神秘博士》中的时间机器。——译者注

2 Boehm, C. (2012a) *Moral origins: The evolution of virtue, altruism, and shame.* New York, NY: Soft Skull Press.

3 Ibid.

4 同样，更准确地说，他们不会容忍某个男人试图支配其他男人。

天，他的骄傲会促使他杀人。"[1]

对此，人类学家约翰·兰厄姆 (John Wrangham) 有一个重要的补充。他指出，在小规模的狩猎采集社会中，"平等主义主要是对男人，尤其是已婚男人之间关系的描述"。[2]男人之间的关系可能是平等的，但男人与女人之间的关系则未必平等。正如兰厄姆所指出的，在朱/霍安西人 (Ju/'hoansi) 这样的狩猎采集社会中，据说，所有成年人之间的关系都是平等的，但是殴打女人的男人可能只会受到很轻微的惩罚。同样，兰厄姆观察到，狩猎采集者，如坦桑尼亚的哈扎人 (Hadza) 被描述为平等主义者，但如果一个地方只有有限的一片荫凉，那么男人会坐在荫凉下，而女人则坐在阳光下。兰厄姆还举了很多例子来说明，在"平等主义"的狩猎采集社会中，男人是如何恶劣地对待女人的。

反支配行为维持了这种平等主义。狩猎采集社会有办法打压那种试图支配他人的群体成员，正如博姆所说，他们有"主动且可能相当暴力的办法来整治'阿尔法雄性'(alpha-male) 社会掠夺者"。[3]狩猎采集社会甚至会杀死试图以强凌弱和支配整个群体的成员。对加拿大因纽特人 (Inuit) 的

---

1 Lee, as cited in Boehm (2012a).

2 Wrangham, R. (2019) *The goodness paradox: The strange relationship between virtue and violence in human evolution*. New York, NY: Vintage.

3 Boehm (2012a).

研究发现，在这个社群中，"一个男人如果好斗，经常用武力夺取他喜欢的东西（包括女人）"，他就会被视为一种特殊威胁。[1] 这种男人"往往会遭遇暴力结局"，甚至会被自己的家人杀害。"这就是暴君的下场 (sic semper tyrannis)。"

因此，平等主义似乎是"一种古老的人类进化模式"。[2] 持有一种反支配态度——"没有人会得到比我更多的东西"，可以确保食物等资源的平等分配。[3] 因此，它赋予个体一种进化优势。正如我们的支配行为是从动物时期进化来的，反支配行为也是如此。它们极少存在于与人类亲缘关系最近的灵长类动物中。在倭黑猩猩群体中，处于从属地位的雄性猩猩可能会联合起来，去攻击一个占支配地位的雄性，将它杀死或驱逐。

然而，人类的反支配行为还是与黑猩猩的有所不同。当黑猩猩表现出反支配行为，将占支配地位的阿尔法雄性（黑猩猩王）打败之后，其中的一只黑猩猩就会取而代之，成为新的黑猩猩王。然而，人类不是这样，在狩猎采集社会中，那种以强凌弱的阿尔法雄性被打败之后，其他成员不一定

1 Erdal, D. E. (2000) 'The psychology of sharing: An evolutionary approach' (unpublished doctoral thesis). University of St Andrews, Fife, Scotland.

2 Erdal, D., Whiten, A., Boehm, C., *et al.* (1994) 'On human egalitarianism: An evolutionary product of Machiavellian status escalation?', *Current Anthropology*, 35 (2), 175–183.

3 Ibid.

会取代它，他们满足于公平正义得到维护。正如苏格兰圣安德鲁斯大学的（前）人类学研究员大卫 · 埃达（David Erdal）所观察到的，"这使得人类的反支配行为成为一种新的行为，在动机上与黑猩猩的有着质的不同，不是它的简单延伸"。[1]这种新的反支配方式，是我们人类拥有的其他独特能力所促成的。特别是，我们人类讲道德，使用武器，有语言。

我们的道德情感使我们对那些行为不公和试图支配他人的人反应强烈。[2]美国心理学家乔纳森 · 海特（Jonathan Haidt）提出，我们已经进化出了一种与对自由的侵犯有关的特殊道德感。[3]他认为，这种道德感是为了应对与其他人一起生活在小群体中的挑战，因为与你共处的那些人，一有机会，就会试图支配你。不能感受到这种道德情感的人（不准备对试图支配他人的人做出回应，正如我们将看到的，不准备以牙还牙的那种人），在进化上就不会那么成功。我们的平等主义，更多是出于对公平的热爱，还是更多出于对支配的憎恨，这是一个重要的问题。海特选择了后者，我也是这么认为的。稍后我们再来讨论这个问题。

1　Erdal (2000).

2　Boehm, C. (2012b) 'Ancestral hierarchy and conflict', *Science*, 336 (6083), 844–847.

3　Haidt, J. (2012) *The righteous mind: Why good people are divided by politics and religion.* New York, NY: Random House.

我们制造工具的能力，特别是制造武器的能力，也有助于我们以一种反支配的方式行事。我们很难徒手杀死对方，如果容易做到这一点，就不需要"马伽术"(krav maga, 又称以色列格斗术，是一种以色列国防军的官方徒手格斗技能) 了。即使是比我们强壮得多的黑猩猩，若没有工具，它们相互厮杀的时候也很难一对一地杀死对方。[1]因为人类有武器，所以弱者可以成功地与强者较量。我们对死亡概念的理解也有助于我们杀死对手。黑猩猩可能会将另一只黑猩猩打伤，但会让它活下来。人类知道死亡是什么，会在相互厮杀中置人于死地。[2]

尽管武器可能发挥一定的作用，但语言似乎是促成(人类)反支配行为的关键因素。[3]由于有了语言，一小群人可以相互协调以打倒"高大罂粟花"[4](tall poppies)，一起讨论各种办法，传播流言蜚语。

这些独特的因素使一群男性可以打败那种试图支配整个群体的阿尔法雄性，从而创造一个更加平等的社会，因此它们似乎对人类产生了显著的影响。兰厄姆认为，这导

---

1 如果你遇到的死神是一只黑猩猩，不要与它搏斗，而是用针线活或任天堂游戏挑战它 (https://mentalindigestion.net/2009/04/03/760/)。看，《第七封印》(*The Seventh Seal*) 本可以改进。

2 Boehm (2012a).

3 Wrangham (2019).

4 指在社群中试图铲除被认为过于成功或出众的人们的倾向，就像把高大罂粟花割去以看起来平整。——译者注

致了人类的自我驯化。[1]人类不仅把狼驯化成了狗，而且似乎也驯化了自身，将好斗的类人猿驯化成了更平静、更宽容的人类。兰厄姆支持"处决假说"（Execution Hypothesis），这是基于查尔斯·达尔文的观察而得出的，即"暴力和动辄吵架的人往往会有一个血腥的结局"。

兰厄姆的观点是，更具攻击性并试图支配整个群体的男性会被群体中的其他男性处决，因此较温顺、攻击性较弱的个体更有可能存活下来，将基因传给下一代。[2]在缺乏残暴当权者的情况下，社会规范（social norms）成为社会的新统治者。这些规范是通过所谓的"堂兄弟暴政"（tyranny of the cousins）或如兰厄姆所说的"先前处于劣势的一群人的暴政或弱者的暴政"（tyranny of the previous underdogs）来执行的。不遵守规范的人会受到群体的惩罚，这或许可以解释，我们为什么有强烈的遵从规范的愿望，以及为什么想要打压那些不遵从的人。

我们有平等主义的一面，可能会让一些人感到惊讶。人们普遍认为我们适合生活在一种具有等级组织的结构

1　同67页注释3。

2　同样，这并不是说我们没有攻击性，只是说我们的攻击性比人类近亲黑猩猩的要小。例如，正如兰厄姆（Wrangham, 2019）所指出的，尽管人类社会中存在数量惊人的家庭暴力，41%至71%的女性在一生中的某个时候会被男性殴打，但所有野生成年雌性黑猩猩都会经常遭受雄性黑猩猩的严重殴打。

中，这种观点在大众文化中几乎无处不在[1]、广为流传，因为它是正确的。

群居动物面临的问题是，如何在群体中生活并且与群体中的其他成员争夺资源和配偶。一种常见的解决方案是形成支配等级。无论是在海洋中的螯虾和龙虾中，在树上的黑猩猩和狒狒中，在空中的蝙蝠和鸟类中，还是在陆地上的狮子和狼中，我们都可以发现支配等级。支配等级既古老又普遍存在。人类也是如此，无论是游泳、攀爬、飞行还是步行，只要一群人在一起，就会形成一个等级。把我们放在一个小组里，几分钟之内我们就会形成一个等级。

支配等级中有一个啄序 (pecking order，或啄食顺序，群居动物中存在的社会等级)，即个人知道自己在社会等级中的地位并遵从地位高于自己的人。这样做的好处是可以避免潜在的伤害性冲突，使得每个人都能从中受益。

处于这个等级顶端的个体被认为是占支配地位的。鉴于占支配地位的个体更具繁殖优势，我们自然有寻求支配地位的一面。在许多物种中，处于一个群体的等级顶端的往往是体格最强壮的个体。例如，在鹿群中，两只鹿角逐，巨大的鹿角锁在一起，体格足够强壮的鹿往往能取得支配

---

1 Peterson, J. B. (2018) *12 rules for life: An antidote to chaos.* New York, NY: Random House.

地位。但是，对于黑猩猩来说，在一个群体中获得支配地位则不仅仅与体力有关。两只较弱的雄性黑猩猩可能会联手扳倒一只阿尔法雄性（黑猩猩王）。人类社会的支配等级则更加复杂，我们表现出所谓的"攻击性支配"（aggressive dominance）和"社会支配"（social dominance）。[1]

攻击性支配程度高的人通常我行我素，按自己的方式行事，想要什么就去获取什么，即使会引起争吵。此外，他们更具攻击性，善于打压其他人。他们采用马基雅维利式的权谋策略，包括欺骗和奉承。相比之下，社会支配程度高的人，倾向于用道理来说服别人。他们很自信，可以在一群人面前快乐地交谈，是很好的谈话发起者，喜欢承担责任，其他人会向他们寻求决策。社会支配程度高的人通过模仿其他成功人士来学习，而攻击性支配程度高的人在决策中往往不使用社会信息。

人类已经进化出许多适应能力，使我们能够生活在支配等级社会中。我们从小就了解这个等级的规则，知道自己必须得到谁的允许，必须服从谁。我们渴望在一个等级中获得较高的地位。事实上，寻求地位是人类的一种基本

1   Cook, J. L., Den Ouden, H. E., Heyes, C. M., *et al.* (2014) 'The social dominance paradox', *Current Biology*, 24 (23), 2812–2816.

动机。[1]甚至在会说话之前，我们就能看出不同的人地位上的差异。我们非常关注他人的地位，[2]像猴子一样，会为了一睹猴老大（阿尔法猴）的尊容而放弃一份含糖的樱桃汁。[3]如果你认为我们人类有很大的不同，那就去任何一家商店的杂志区看看吧。

认识和关注地位是有益的。这有助于下层人了解上层人的秘密。[4]《与卡戴珊姐妹同行》（Keeping up with the Kardashians）可能比爸爸更有教益。我们更关注地位高的人的面孔，也更能记住这些面孔。[5]这有助于弱者寻求强者的保护。[6]所有人，无论文化背景、年龄或性别，都能意识到地位的重要性。[7]这是一个普遍的真理。

因此，在进化过程中，人类被赋予了反支配的一面，也被赋予了寻求支配的一面。正如埃达（Erdal）所说，我们拥

1　Anderson, C., Hildreth, J. A. D. and Howland, L. (2015) 'Is the desire for status a fundamental human motive? A review of the empirical literature', *Psychological Bulletin*, 141 (3), 574–601.

2　Blue, P. R., Hu, J., Wang, X., *et al.* (2016) 'When do low status individuals accept less? The interaction between self and other-status during resource distribution', *Frontiers in Psychology*, 7, 1667.

3　Deaner, R. O., Khera, A. V. and Platt, M. L. (2005) 'Monkeys pay per view: Adaptive valuation of social images by rhesus macaques', *Current Biology*, 15, 543–548.

4　Tomasello, M., Melis, A. P., Tennie, C., *et al.* (2012) 'Two key steps in the evolution of human cooperation', *Current Anthropology*, 53 (6), 673–692.

5　Ratcliff, N. J., Hugenberg, K., Shriver, E. R., *et al.* (2011) 'The allure of status: High-status targets are privileged in face processing and memory', *Personality and Social Psychology Bulletin*, 37, 1003–1015.

6　Tomasello *et al.* (2012).

7　Anderson *et al.* (2015).

有"矛盾的倾向组合：既要得到更多，又要阻止别人得到更多；既要支配，又要阻止别人支配……这种冲突，存在于我们的心理状态中"。[1]

鉴于我们同时拥有支配和反支配的一面，一个显而易见的问题是：哪一面占优势，是受什么因素影响的？博姆 (Boehm) 认为，这些影响因素包括人们对支配等级的看法，社会需要多大程度的集中指挥和控制，以及下层人可以在多大程度上制约上层人。大约1万年前，人类进入农业社会后，大多数人过上定居生活，平等主义的狩猎采集社会开始向更为等级分明的、专制的社会过渡。正如埃达所说，这是因为新环境抑制了我们的反支配倾向。[2]在农业社会中，人们生活在更大的群体中，拥有私有财产并承认酋长的正当性。[3]可储存食物的增多使人们能够购买保护措施或防卫力量，以抵御反支配者的反抗。

这一切与恶意有什么关系？我的观点是，我们的反支配倾向和寻求支配的倾向，都可以促使我们采取那种符合恶意定义的行动。我们拥有反支配的一面，它不喜欢我们落后，促使我们付出代价去打压别人。它可能知道保持安

1　Erdal (2000).

2　Erdal *et al.* (1994).

3　See Boehm (2012a); Erdal (2000).

静是最安全的，但它还是忍不住要发声，让大嗓门的仗势欺人者闭嘴。我们的这一面，想要拉下有权势的人，而不是想要抬高自己。我称之为反支配性恶意 (counter-dominant spite)。我们天性中的这面，鼓励我们支持那些削弱等级的思想和意识形态，如多元文化主义和多样性。[1]

我们拥有寻求支配的一面，它不喜欢我们落后，不但如此，还想要我们领先。它促使我们付出代价去伤害别人，如果能使我们获得相对优势的话。它鼓励我们阻挡别人向上的通道，如果这可以使后面的人追不上我们的话。我称之为支配性恶意 (dominant spite)。我们天性中寻求支配的一面，鼓励我们支持那些促进等级存在的思想意识，比如民族主义、新教工作伦理 (Protestant work ethic) 等，并鼓励我们持有使等级正当的有问题的态度，如种族主义和性别歧视，以及反犹主义和反移民情绪。[2]接下来，我们将深入探讨这两种类型的恶意。

我们发现，在最后通牒博弈中，有些人会拒绝接受不公平的提议。最近，研究人员发现，拒绝接受不公平提议的这一群体包含两种不同类型的人。研究人员是在另一个

1 Morselli, D., Pratto, F., Bou Zeineddine, F., *et al.* (2012) 'Social dominance and counter dominance orientation scales (SDO/CDO): Testing measurement invariance', presented at the 35th annual meeting of the International Society of Political Psychology, Chicago, 6–9 July 2012.

2 Ibid.

实验中发现这一点的。

"独裁者博弈"（Dictator Game）类似最后通牒博弈，也涉及两个人分一笔钱。但在这一博弈中，提议者（有权决定提供多大份额给对方的那个人）则完全不用考虑对方。他们被告知，无论他们提出什么样的分配方案，回应者都得接受，不能选择拒绝。

由于提议者不用担心提议被拒绝，他们唯一的压力来自他们内在的道德指向标（moral compass）。在最后通牒博弈中拒绝不公平提议的回应者，其实是由两种不同类型的人组成的，他们的道德指向标是完全不同的。如果让他们在独裁者博弈中扮演提议者，有些人会提出公平的分配方案，有些人则不会。[1]

让我们首先关注那些有合作精神的人，就是在独裁者博弈中提出公平的分配方案的那类人。我们有理由认为，他们在最后通牒博弈中拒绝接受低份额提议，是因为他们觉得自己受到了不公平对待。我们可以找到这方面的证据，我们可以听听在最后通牒博弈中拒绝低份额提议的回应者是如何说的。其中一人给出了如下理由："我根本不认为自己是一个'恶意'的人……只是公平行事，并期望对

---

1 Brañas-Garza, P., Espín, A. M., Exadaktylos, F., *et al.* (2014) 'Fair and unfair punishers coexist in the Ultimatum Game', *Scientific Reports*, 4, 6025.

方也是平等待人的。"[1]

经济学家、前摔跤运动员恩斯特·费尔 (Ernst Fehr) 认为，在最后通牒博弈中，公正的人之所以拒绝接受低份额提议，是因为他们愿意付出代价来惩罚违背社会公平规范的人。[2]费尔认为，通过这样做，被他们惩罚的人将来会表现得更公平。当许多人在很多不同的情况下都这样做时，就会增进合作。[3]因此，在最后通牒博弈中拒绝接受低份额提议，并不是一种反社会行为，而是一种亲社会的行为。正是这种反支配行为，维系着狩猎采集社会中的平等主义。坦率地说，这些人是英雄，是《虎胆龙威》(Die Hard) 中的警探约翰·麦卡伦 (John McClane)，是《24小时》(24 season) 中的杰克·鲍尔 (Jack Bauer)，是《蝙蝠侠》(Batman) 中的超级英雄。

在研究这类人的行为过程中，研究人员提出了强互惠理论。[4]互惠意味着别人怎样对待你，你也用同样的方法对待别人，以德报德，以怨报怨。互惠有两种，一种是强互

1 Taken from the comments section of https://www.psychologytoday. com/ie/blog/the-dark-side-personality/201405/how-spiteful-are- you#comments_bottom.

2 Fehr, E. and Fischbacher, U. (2003) 'The nature of human altruism', *Nature*, 425 (6960), 785–791.

3 Balliet, D., Mulder, L. B. and Van Lange, P. A. M. (2011) 'Reward, punishment and cooperation: A metaanalysis', *Psychological Bulletin*, 137 (4), 594–615.

4 Fehr, E., Fischbacher, U. and Gächter, S. (2002) 'Strong reciprocity, human cooperation and the enforcement of social norms', *Human Nature*, 13 (1), 1–25.

惠，另一种是弱互惠。[1]弱互惠是指人们只在对自己有利的情况下才进行互惠。对于弱互惠者来说，他们的互惠行为，只是为了使自己的利益最大化。他们不会去惩罚别人，如果这需要他们为此付出代价的话。他们不是那种恶意的人。

相比之下，强互惠者会以牙还牙，即使这样做需要付出代价。正如美国经济学家赫伯特·金迪斯 (Herbert Gintis) 所解释的那样，强互惠者倾向于与他人合作，会从公平行事开始。然而，他们也会惩罚那些不合作的人，即使这需要他们为此付出代价。[2]

强互惠者的行为不像"经济人"，他们不以追求眼前的物质私利最大化为目的。金迪斯和他的同事塞缪尔·鲍尔斯 (Samuel Bowles) 提出，这样的人可以被称为"互惠人"(homo reciprocans)。[3]他们在最后通牒博弈中的拒绝行为，可被称为"高代价惩罚"(costly punishment)。他们会付出个人代价去惩罚别人。

互惠人不是圣人。他们不认为，"为了更大的利益或群

---

1   Guala (2012).

2   Gintis, H. (2000) 'Strong reciprocity and human sociality', *Journal of Theoretical Biology*, 206 (2), 169–179.

3   Bowles, S. and Gintis, H. (2002) 'Homo reciprocans: Altruistic punishment of free riders', *Nature*, 415 (6868), 125–127.

体利益，我必须不惜付出个人代价，去惩罚那个人"。如果他们这样认为，或者说如果他们真的是利他主义者，那么一个合乎逻辑的假设是，我们社会中最像圣人的那种人，比如活体器官捐献人，在最后通牒博弈中将会特别有可能拒绝不公平提议，但事实并非如此。一项研究表明，在最后通牒博弈中，肾脏捐献者并不比非捐献者更有可能拒绝不公平提议。[1]

更加利他并不会使你更有可能实施"高代价惩罚"，但有一种行为却可以，那就是（进出大门时）为他人扶门。你越有可能遵从"友善的规范"（norms of niceness），在最后通牒博弈中，你就越有可能拒绝接受低份额提议。[2] 遵从有益规范的倾向，比如（进出大门时）为他人扶门，是一种强大的社会力（social force），促使人们在面对自私的诱惑时为社会的利益而行事。（对社会规则的）遵从，有助于解决一个被称为"公共资源悲剧"（the tragedy of the commons）的问题。[3]

假设我们有一大片公共土地或草地，若每个人都以自身利益最大化为目标，我们会让自家的羊群尽可能多地在

1 Brethel-Haurwitz, K. M., Stoycos, S. A., Cardinale, E. M., *et al.* (2016) 'Is costly punishment altruistic? Exploring rejection of unfair offers in the Ultimatum Game in realworld altruists', *Scientific Reports*, 6, 18974.

2 Ibid.

3 Cárdenas, J. C. (2011) 'Social norms and behavior in the local commons as seen through the lens of field experiments', *Environmental and Resource Economics*, 48 (3), 451–485.

上面吃草。用不了多长时间，我们就会毁掉它。然而，如果我们克制自己，每天只放牧几个小时，这片公共草地就能养活我们所有人。要做到这一点，我们并不需要建立一个中心化的权力机构。如果每天只放牧几个小时（只让自家的羊群在公共草地上吃几个小时的草）成为常规，大多数人就会觉得有必要遵从。如今，我们不赞成盲目遵从，这通常是有道理的。[1]然而，这也是人类从社会生活中获益的基本方式之一。当遵从惩罚不公平行为的规范时，我们都会受益。对不公平的高代价惩罚，是一种亲社会规范（pro-social norm）。我们认为这是大多数人的行为方式，也相信人们应该这么做。[2]

当然，人们只有认识到了不公平，才可能实施高代价惩罚。为了理解这种特定的恶意，也就是高代价惩罚，我们需要了解我们是如何判断公平的。

*

有些东西比钱更重要。如果不是这样，在最后通牒博弈中，我们就会接受任何大于零的金额。其他一些东西也会影响我们的决策。我们不只关心自己得到多少钱，也在意别人得到多少钱。我们厌恶不公平。[3]

---

1 https://en.wikipedia.org/wiki/Milgram_experiment.

2 Brethel-Haurwitz *et al.* (2016).

3 Fehr, E. and Schmidt, K. M. (1999) 'A theory of fairness, competition and cooperation', *Quarterly Journal of Economics*, 114 (3), 817–868.

显然，如果我们得到的少于别人得到的，我们会厌恶。至少，如果我们把人视为纯粹自私的生物，不那么明显的是，当我们得到的多于别人得到的时，我们可能也会厌恶。我们的大脑得益于进化，往往比我们更聪明。它低声说，超过别人可能是一件坏事。它知道这可能会引发反支配性的强烈抵制，因此它试图通过让我们感到内疚来阻止我们这样做（远超过别人）。这在一定程度上解释了，在独裁者博弈中，为什么大多数提议者会拿出一定份额给对方，虽然他们完全可以什么都不给对方。[1]当然，并不是每一位提议者都这样做。我们将在下一章探讨这个问题。

每个人是否得到平等的份额，可以作为我们判断什么是公平的一个依据。但是这种判断并不完全取决于它，至少对成年人来说是这样。随着年龄的增长，我们意识到，不平等也可能是公平的，因为成年人更加重视意图。在最后通牒博弈中，如果你告诉作为回应者的儿童，提议者别无选择，只能从10美元中拿出2美元给回应者，他们并不会因此而更有可能接受这2美元。但成年人却不是这样，作为回应者，如果他们知道提议者别无选择，他们就更可能接

1　同78页注释3。

受这2美元。[1]成年人可以转而关注提议者的意图，而不是只关注不平等的提议。

如果我们认为提议者的意图是好的，没有恶意，我们就不太可能拒绝他们。如果提议者在给出低份额提议时，附上一封真诚的道歉信，那么他们的提议遭拒的可能性就会降低。[2]同样，如果提议者隐藏自己的意图，他们的提议遭拒的可能性也会降低。在一项研究中，研究人员让提议者通过以下方法来隐藏意图，即提议者在给出低份额提议时，还可以给对方一些个人信息。这使得回应者更难解读提议者的意图。由于提议者使回应者感到困惑，他们的提议遭拒的可能性也就降低了。[3]

同样，如果提议者是没有意图的，低份额提议就不太可能遭拒。在最后通牒博弈中，作为回应者，如果你被告知，只能从10美元中分得2美元，若这个分配方案是由计算机随机产生的，你会作何反应？显然，计算机不可能有不公平意图（除非你看了太多关于恶意的人工智能系统的电影或TED演讲）。[4]一个

1 Sul, S., Gürolu, B., Crone, E. A., *et al.* (2017) 'Medial prefrontal cortical thinning mediates shifts in other-regarding preferences during adolescence', *Scientific Reports*, 7 (1), 8510.

2 Khalil, E. L. and Feltovich, N. (2018) 'Moral licensing, instrumental apology and insincerity aversion: Taking Immanuel Kant to the lab', *PLoS One*, 13 (11), e0206878.

3 Marchetti, A., Castelli, I., Harlé, K. M., *et al.* (2011) 'Expectations and outcome: The role of Proposer features in the Ultimatum Game', *Journal of Economic Psychology*, 32 (3), 446–449.

4 https://www.ted.com/talks/sam_harris_can_we_build_ai_without_losing_control_over_it?language=en

低份额提议，如果不是由人给出的，而是由计算机给出的，那么回应者的态度也会大不相同。由于低份额提议是计算机给出的，计算机缺乏意图，这可以避免激起我们反支配的一面。通常，在最后通牒博弈中，大约有70%的人拒绝接受低份额提议。但如果低份额提议是由计算机随机生成的，我们会看到完全相反的结果。大约80%的人会接受^(计算机给出的)低份额提议。[1]没有意图，没有违反规则，就没有恶意回应。

我们的文化背景，也会影响我们对什么是公平的判断。与分享有关的规范，在不同的文化中也有所不同。因此，在最后通牒博弈中，人们对于低份额提议的反应，存在着巨大的跨文化差异。坦桑尼亚的哈扎人不愿意分享，认为分享是可被容忍的盗窃行为。然而，强有力的社会赏罚[2](social sanctions)却迫使他们分享。因此，哈扎人热衷于惩罚不公平的提议，在最后通牒博弈中，他们对于不公平提议的拒绝率也是很高的。巴拉圭的亚契人乐于分享食物，[3]因此他们不需要高代价惩罚。在最后通牒博弈中，他们很少

1　Blount, S. (1995) 'When social outcomes aren't fair: The effect of causal attributions on preferences', *Organizational Behavior and Human Decision Processes*, 63 (2), 131–144. See also Sanfey, A. G., Rilling, J. K., Aronson, J. A. *et al.* (2003) 'The neural basis of economic decision-making in the Ultimatum Game', *Science*, 300 (5626), 1755–1758.

2　任何用以加强及执行社会规范及道德纪律的手段，社会学称之为社会赏罚。——译者注

3　Henrich *et al.* (2001).

做出恶意回应。

即使在同一种文化中，如果你改变人们对公平的期望，就会改变他们对不公平提议的反应。在最后通牒博弈中，对于自己能分得多大份额，或者说提议者应该给回应者一个什么样的提议，西方人有最初的想法。然而，如果你降低他们的期望，他们就更有可能接受低份额的提议。[1]如果不公平成为新的常态，人们就更有可能接受它。[2]逃脱谋杀罪的最好办法，就是使之"正常化"（normalise）。这不是一个提示。

对"应得性"（deservingness）的感知，是公平判断的另一个基本要素。在分配物品时，我们会考虑，那些得到更多物品的人是否应得。如果我们认为他们不应得到更多，我们就会倾向于恶意行事。"烧钱博弈"（money-burning）实验证明了这一点。

在此类实验中，你和其他玩家在电脑上玩匿名投注游戏。在游戏过程中，你可以看到每个人都在做什么以及他们有多少钱。你很快就会注意到，其他玩家能下的赌注比你能下的更大。他们似乎拥有"不公平优势"（unfair advantage）。

1 Vavra, P., Chang, L. J. and Sanfey, A. G. (2018) 'Expectations in the Ultimatum Game: Distinct effects of mean and variance of expected offers', *Frontiers in Psychology*, 9, 992.

2 Sanfey, A. G. (2009) 'Expectations and social decision-making: Biasing effects of prior knowledge on Ultimatum responses', *Mind & Society*, 8, 93–107.

游戏结束时，每个人都有不同数量的钱。然而，你会看到其他玩家又白得了一些钱，他们没有做任何事情就获得了这些钱。这很不公平！

现在你有一个选择可以把你赢得的钱全部拿走，或者，你可以放弃一部分赢得的钱来毁掉其他玩家得到的钱。按这个实验的说法就是，你可以付钱去毁掉其他玩家的钱。你会怎么做？记住，游戏是匿名的，所以你不必担心遭到报复。研究表明，多达2/3的人会选择付钱去毁掉其他玩家不应得的钱。不应得的收益，可能会引发其他人的恶意反应。

这种愿意付钱去毁掉他人资产的行为，是人类独有的。心理学家基思·詹森 (Keith Jensen) 和同事们设计了一个类似"烧钱博弈"的实验，被试者是黑猩猩，但他们没有发现黑猩猩的行为与恶意有关。[1] 他们把一根香蕉放在1号黑猩猩笼子外面的桌子上，这是它够不着的地方。如果1号黑猩猩什么也不做，15秒钟后，桌子就会滑到2号黑猩猩的笼子里。1号黑猩猩可以选择拉动一根绳子，把桌子弄塌，阻止2号黑猩猩得到不应得的香蕉。然而，詹森发现，1号黑猩猩并不在意这些，它是否拉动绳子来弄塌桌子完全是随意

---

1   Jensen, K., Hare, B., Call, J., *et al.* (2006) 'What's in it for me? Self-regard precludes altruism and spite in chimpanzees', *Proceedings of the Royal Society B: Biological Sciences*, 273 (1589), 1013–1121.

的。无论桌子是滑到2号黑猩猩的笼子里，还是掉到一个空笼子里，它都不在意，它不会为了阻止2号黑猩猩得到香蕉而更频繁地拉动绳子。恶意地破坏他人的不应得的收益，似乎是人类独有的行为。

　　　*

　　我们付出代价去惩罚不公平行为，因为公正让人感觉很好，真的很好。在有机会对不公正行为实施惩罚的时候，我们的大脑会做出反应，那种反应就像我们得到了服用灵丹妙药的机会一样。我们是如此在乎公正，就好像对它上瘾。你可以浏览一下美国当地的电视节目列表，看看有多少节目是关于寻求公正的，无论在何种意义上。巧合的是，当我写到这里的时候，我发现电视里正在播放兰博系列电影《第一滴血》(First Blood)。

　　瑞士神经科学家多米尼克·德·奎文 (Dominique de Quervain) 和他的同事进行了一项研究，揭示了大脑在期待惩罚不公正行为时的反应。[1] 在这个实验中，被试者在玩一个游戏并考虑是否要惩罚另一个行为不公的玩家，研究人员使用磁共振成像 (MRI) 扫描仪观察他们此时的大脑活动。他们的大脑活动类似于吸毒者期待服用可卡因时的大脑活动，他们

1　De Quervain, D. J.-F., Fischbacher, U., Treyer, V., *et al.* (2004) 'The neural basis of altruistic punishment', *Science*, 305 (5688), 1254–1258.

从对公正的期待中获得了快感。

然而，正如常看电影的人知道的那样，惩罚不公是有代价的。我们愿意为此付出代价吗？德·奎文的研究还揭示了大脑如何计算公正的代价。当人们考虑是否要实施"高代价惩罚"时，大脑的两个关键区域会"亮起来"。第一个区域是腹内侧前额叶皮层 (ventromedial prefrontal cortex)，它涉及同时兼顾不同目标和控制愤怒。第二个区域是内侧眶额皮层 (medial orbitofrontal cortex)，它涉及在不同的奖赏之间做出选择。选择是否付出一定的代价实施惩罚可能是很棘手的，所以，通常情况下，你的大脑会通过一个提示来帮助你。这个提示是以一种情绪的形式出现的。这种情绪与影响 (在最后通牒博弈中) 给出不公平提议之人的冲动有关，它就是愤怒。[1]

*

在将不公正感知化为恶意回应的过程中，愤怒是一个关键因素。[2] 无论是一个被忽视的配偶，还是一个被欺骗的商人，或者是一个被背叛的选民，他们之所以做出恶意回应，是因为不公正 (感知) 引发愤怒，就像是擦着的火柴引燃

1 Henrich *et al.* (2001).

2 Rodrigues, J., Nagowski, N., Mussel, P., *et al.* (2018) 'Altruistic punishment is connected to trait anger, not trait altruism, if compensation is available', *Heliyon*, 4 (11), e00962; Seip, E. C., Van Dijk, W. W. and Rotteveel, M. (2014) 'Anger motivates costly punishment of unfair behavior', *Motivation and Emotion*, 38 (4), 578–588.

了恶意的"导火纸"(touch paper)。在最后通牒博弈中,当收到不公平的提议时,你的大脑中与愤怒相关的区域若是被激活,你就很可能会拒绝它。[1] 在最后通牒博弈中,与恶意行为模式有关的许多发现,是可以用愤怒这种情绪来解释的。例如,我们在第一章中看到,年轻人比老年人更有可能做出恶意回应。这可能是因为年轻人往往比老年人更易怒。[2]

面对不公平,我们的情绪反应不仅仅限于愤怒。人类的另一种基本情绪也会被触发。在最后通牒博弈中,如果回应者收到了不公平的提议,他们的面部肌肉反应就会显示出一种典型的厌恶模式[3],大脑中与厌恶相关的区域会"亮起来",[4] 愤怒和厌恶这两种情绪相结合就产生了"道德义愤"(moral outrage)。[5] 不公平不仅仅令我们愤怒或厌恶,还会引起我们的义愤。

1 Gospic, K., Mohlin, E., Fransson, P., *et al.* (2011) 'Limbic justice – Amygdala involvement in immediate rejection in the Ultimatum Game', *PLoS Biology*, 9 (5), e1001054.

2 Birditt, K. S. and Fingerman, K. L. (2003) 'Age and gender differences in adults' descriptions of emotional reactions to interpersonal problems', *Journals of Gerontology Series B: Psychological Sciences and Social Sciences*, 58 (4), 237–245.

3 Chapman, H. A., Kim, D. A., Susskind, J. M., *et al.* (2009) 'In bad taste: Evidence for the oral origins of moral disgust', *Science*, 323 (5918), 1222–1226.

4 Sanfey, A. G., Rilling, J. K., Aronson, J. A., *et al.* (2003) 'The neural basis of economic decision-making in the Ultimatum Game', *Science*, 300 (5626), 1755–1758.

5 Salerno, J. M. and Peter-Hagene, L. C. (2013) 'The interactive effect of anger and disgust on moral outrage and judgments', *Psychological Science*, 24 (10), 2069–2078.

面对不公平，我们的义愤如此强烈，以至于我们会付出代价去惩罚不公平行事者，即使我们知道自己的惩罚根本不会影响他们。通过最后通牒博弈的一个变式（"免惩罚博弈"实验），研究人员发现了这一点。在这个实验中，如果你拒绝接受提议者的分配方案，就不会获得任何收益，但这不会对提议者的收益造成任何影响。在这种情况下，恶意是不起任何作用的。按理说，在免惩罚博弈实验中，没有人会拒绝接受不公平的提议。如果你恶意回应，唯一会伤害的人就是你自己。然而，研究人员发现，如果提议者只将10美元中的2美元分给回应者，大约有40%的回应者会拒绝接受。[1] 我们宁愿站在雨中，也要诅咒乌云。

研究表明，减少愤怒会减少恶意，这证实了愤怒对恶意的重要性。我们可以通过几种方法来减少愤怒：一种方法是化学方法，苯二氮䓬类药物（Benzodiazepines），如安定（Valium）和阿普唑仑（Xanax），可以抑制大脑的"愤怒中心"——杏仁核（amygdalae）的活动。在最后通牒博弈中，在收到低份额的提议时，相比于未服用此类药物的回应者，服药回应者的杏仁核的活动水平相对较低，提议被拒绝的概率也会降低一

1 Yamagishi, T., Horita, Y., Takagishi, H., *et al.* (2009) 'The private rejection of unfair offers and emotional commitment', *Proceedings of the National Academy of Sciences*, 106 (28), 11520-11523.

半。[1] 此外，还有一种更自然的方法，也可以减少人们对不公平的愤怒，那就是给人们一些时间。在最后通牒博弈中，在回应者收到低份额提议与选择是否接受提议之间设置10分钟的间隔，可以使拒绝率从70%急剧下降到20%。[2]

正如我们所期望的，我们越能控制自己的愤怒，就越能控制恶意行为。通过心率变异性 (heart rate variability, HRV)，我们也可以验证这一点。人的心率并不是恒定不变的。心率变异性是指逐次心跳周期差异的变化情况，或者说是指心跳快慢的变化情况。你的心率变异性越高，就越能更好地控制自己的情绪。正如我们所料，在最后通牒博弈中，心率变异性高的回应者对不公平提议的接受率也较高。[3]

我们还可以人为地提高我们控制愤怒的能力，这也会减少恶意。神经学家加迪·吉拉姆 (Gadi Gilam) 及其同事使用一种被称为经颅直流电刺激 (transcranial direct current stimulation, tDCS) 的非侵入性神经刺激技术，用低电流刺激大脑特定区域。在被试者参与最后通牒博弈实验之前，研究人员通过经颅直

1 Yamagishi, T., Horita, Y., Takagishi, H., *et al.* (2009) 'The private rejection of unfair offers and emotional commitment', *Proceedings of the National Academy of Sciences*, 106 (28), 11520–11523.

2 Grimm, V. and Mengel, F. (2011) 'Let me sleep on it: Delay reduces rejection rates in Ultimatum Games', *Economics Letters*, 111 (2), 113–115.

3 Dunn, B. D., Evans, D., Makarova, D., *et al.* (2012) 'Gut feelings and the reaction to perceived inequity: The interplay between bodily responses, regulation and perception shapes the rejection of unfair offers on the Ultimatum Game', *Cognitive, Affective, & Behavioral Neuroscience*, 12, 419–429.

流电刺激来增强被试者控制愤怒的脑区（腹内侧前额叶皮层）的活动。[1] 为了触发被试者的愤怒情绪，研究人员设计了"注入愤怒"（anger-infused）的最后通牒博弈。[2] 研究人员给被试者一个低份额提议，还附上一张纸条，上面有一句挑衅性的话语。例如："2美元，拿走吧，你这个失败者！"或者"2美元，这就是提议，接受它。"当研究人员通过经颅直流电刺激增强被试者的腹内侧前额叶皮层的活动时，被试者就会觉得他们收到的不公平提议没有那么不公平了。被试者对不公平分配方案的拒绝率从70%降至59%。[3]

无论是通过文化、化学物质或电流，恶意是可以被控制的。

*

恶意似乎是相对容易产生的，可以毫不费力。然而，大脑必须在幕后做大量工作，才能使恶意产生。若要产生恶意，我们必须抑制天性中的其他要素：自私和共情。

首先，我们必须能够拒绝收益，即使它很小。在最后

---

1 Gilam, G., Abend, R., Gurevitch, G., *et al.* (2018) 'Attenuating anger and aggression with neuromodulation of the vmPFC: A simultaneous tDCS-f MRI study', *Cortex*, 109, 156-170.

2 Gilam, G., Abend, R., Shani, H., *et al.* (2019) 'The anger-infused Ultimatum Game: A reliable and valid paradigm to induce and assess anger', *Emotion*, 19 (1), 84-96.

3 鉴于经颅直流电刺激（neurostimulation）会使被试者觉得低份额提议并非那么不公平，这种刺激可能不是通过帮助人们控制愤怒来产生效果的，而是通过改变人们对公平的看法来产生效果。然而，也许是因为人们感到不那么愤怒，所以推断出这个提议不那么不公平。这一点还有待观察。

通牒博弈中，在收到一个低份额提议时，我们必须在获得一笔很小但毕竟大于零的钱与容忍不公平之间进行权衡。为此，我们需要调动大脑中与成本收益分析相关的脑区——背外侧前额叶皮层 (dorsolateral prefrontal cortex, DLPFC)，帮助我们控制行为。[1] 这个脑区的活动是必要的，可以阻止我们为了狭隘的私利而拿走几块钱 (接受不公平提议)。如果没有它，我们就会像黑猩猩一样，接受那一点蝇头小利，无视不公平。

我们通常认为，前额叶皮层是大脑中的理性部分 (被称作理性脑)，与较古老的、更感性的和更具动物性的脑区形成对比。然而，在最后通牒博弈中，当我们收到一个低份额提议时，我们的理性脑 (前额叶皮层) 活动增强，它不是在抑制情绪，而是让情绪引导我们。我们的情绪为我们提供了有价值的信息，愤怒可能会促使我们恶意行事，因为这符合我们的最大利益。

理性脑利用愤怒提供的情绪信息，抛开自私的动机，让我们拒绝接受不公平提议，也就是不要那份钱。有一项研究已证实了这一点，研究者采用经颅磁刺激技术 (neurostimulation) 干扰被试者的背外侧前额叶皮层，与此同时，

1   Baumgartner, T., Knoch, D., Hotz, P., *et al.* (2011) 'Dorsolateral and ventromedial prefrontal cortex orchestrate normative choice', *Nature Neuroscience*, 14 (11), 1468–1474.

研究者让被试者参与最后通牒博弈。[1]

在这一实验中，被试者与提议者分一笔钱，这笔钱总额为20美元，而提议者能够给出的最低份额提议是4美元。通常情况下，被试者对这一提议的接受率为9%。然而，在被试者的背外侧前额叶皮层受经颅磁刺激技术干扰的情况下，被试者对这一提议的接受率为45%，也就是说，被试者更有可能会接受这4美元。[2] 为了弄清经颅磁刺激技术是否使被试者的看法发生改变，也就是说，被试者是否认为4美元的提议并没有那么不公平，研究者询问了被试者。被试者的看法并没有发生改变，他们仍然认为这个提议不公平。他们只是没有选择去惩罚对方，因为不能无视眼前的物质私利。

在涉及信任的博弈实验中，在被试者的背外侧前额叶皮层受经颅磁刺激技术干扰的情况下，研究者也得到了类似的结果，即被试者更有可能卷走对方的钱。他们不太可能抗拒眼前的物质利益诱惑，这意味着，在博弈不断被重复的情况下，他们无法为自己建立一种作为合作者的声誉，而拥有良好声誉会让他们赚更多的钱。接受经颅磁刺激（rTMS）的被试者，仍然能认识到，合作符合他们的长期利

---

1 Knoch, D., Pascual-Leone, A., Meyer, K., *et al.* (2006) 'Diminishing reciprocal fairness by disrupting the right prefrontal cortex', *Science*, 314 (5800), 829–832.

2 Knoch *et al.* (2006).

益。但他们所知道的和所做的却大相径庭。他们知道合作可以带来长远利益，但却无法放弃欺骗带来的短期利益。这项研究使我们认识到，在前额叶皮层不如人类发达的动物当中，为什么声誉是罕见的。[1] 此外，它还表明了声誉对人类的重要性。

我们可能会得出这样的结论：背外侧前额叶皮层是一个对抗自私的通用装置。我们可能认为，它使我们能够抵制自私冲动，防止我们自私地攫取短期利益，从而为长期利益行事，让我们不至于像黑猩猩那样只考虑眼前利益。然而，事实比这更复杂一些，也更有趣些。

你或许认为，背外侧前额叶皮层就是压制自私的。若是这样，如果被试者的这个脑区受到经颅磁刺激技术干扰，被试者将会在任何情况下都表现得更加自私，若是参与最后通牒博弈并充当提议者，他们提出的分配方案将会更自私，他们会给对方一个更小的份额。但事实并非如此。研究表明，当我们受到不公平对待并需要动怒时这个脑区会抑制自身利益。它会把正当的愤怒发泄出来。[2]

1 Knoch, D., Schneider, F., Schunk, D., *et al.* (2009) 'Disrupting the prefrontal cortex diminishes the human ability to build a good reputation', *Proceedings of the National Academy of Sciences*, 106 (49), 20895–20899.

2 Speitel, C., Traut-Mattausch, E. and Jonas, E. (2019) 'Functions of the right DLPFC and right TPJ in proposers and responders in the Ultimatum Game', *Social Cognitive and Affective Neuroscience*, 14 (3), 263–270.

因此，若要将愤怒转化为"高代价惩罚"行动，第一个障碍是克服一个提议（哪怕是一个少得可怜或极不公平的提议）所固有的诱惑；第二个障碍是对公正的足够关注。只有当你足够关注公正时，你才可能付出代价去维护公正。如果你只担心自己是否受到不公平对待，还不足以促使你恶意行事。[1] 你可能太自私，不舍得放弃那一点蝇头小利，也就是说，你不会拒绝接受不公平提议。但如果你担心别人受到不公平对待，你就更有可能拒绝接受不公平提议。[2] 你足够无私，才会付出代价去惩罚不公。

若要将愤怒转化为恶意，还有最后一个障碍，它来自于我们感受他人痛苦的能力——共情能力。如果你意识到自己使他人痛苦，你就很难去惩罚别人。然而，我们的大脑有办法绕过这个障碍。借助核磁共振扫描仪，研究人员观察到了这一现象。想象一下，你和其他玩家一起玩一个游戏，有些玩家很公平，有些玩家则表现得不公平。[3] 游戏结束后，你会看到这些玩家接受电击。通常情况下，当你看到某人遭受痛苦时，大脑中与疼痛相关的区域会被激

1　Fetchenhauer, D. and Huang, X. (2004) 'Justice sensitivity and distributive decisions in experimental games', *Personality and Individual Differences*, 36 (5), 1015–1029.

2　Ibid.

3　Singer, T., Seymour, B., O'Doherty, J. P., *et al.* (2006) 'Empathic neural responses are modulated by the perceived fairness of others', *Nature*, 439 (7075), 466–469.

活，这就是共情反应。然而，当你看到不公平的玩家被电击时，你大脑中与共情相关的脑区的激活程度较低，不像看到公平的玩家被电击时那么高。[1] 在看到不公平行事的人遭受痛苦时，大脑就会降低共情水平，它知道对方需要受到惩罚，并扫除了惩罚道路上的障碍。

你的大脑会采取另一个更危险的技巧来避开共情——使不公平行事的人看起来不那么像正常人。"去人性化"（Dehumanization）是不将他人视作人，[2] 危害可能极大。它有助于"殖民者把原住民当作昆虫来消灭，白人把黑人当作财产来占有"。[3] 事实证明，我们的大脑会区别对待违规者的面孔，它处理违规者面孔的方式不同于通常处理人脸的方式。这一点很重要，因为如果我们不把一张脸当作脸来看，就无法得到一个重要的线索，即我们面前的是人类同胞。当得知某人违反了规范，我们确实就不再将其视为一个完整的人。

2016年，宾夕法尼亚大学的卡特里娜·芬奇（Katrina Fincher）和菲利普·泰特洛克（Philip Tetlock）揭示了这种"知觉性去人性

1 值得注意的是，这种效应只见于男性受试者，这表明他们可能比女性更容易实施惩罚，至少在应对人身威胁时是这样。

2 Rai, T. S., Valdesolo, P. and Graham, J. (2017) 'Dehumanization increases instrumental violence, but not moral violence', *Proceedings of the National Academy of Sciences*, 114 (32), 8511–8516.

3 Ibid.

化"(perceptual dehumanisation)现象。[1] 他们还发现，去人性化使人们更容易惩罚违规者。芬奇和泰特洛克注意到，在他们的研究中，被试者可以轻松地通过"关闭"共情来惩罚违规者。他们认为，这项研究甚至可能引发人们对"共情是人类天性的一部分"这一观点的质疑。

恶意的人的共情能力可能本来就低于常人。研究表明，恶意的人不太能理解他人的感受、信仰和意图。[2] 然而，由于具有这种特征，他们或许能更客观、轻松地执行公平规则。我们需要这样的人。

*

面对不公平，大脑不仅将我们推向了出于恶意行事的道路，而且还清除了这条道路上的所有阻碍。但是，为什么我们的大脑会把我们推向这条代价高昂的道路？答案取决于我们提问题的方式。一些研究人员认为，"高代价惩罚"会产生社会收益，因为它使每个人都倾向于公平行事，不会给惩罚者 (实施高代价惩罚的人) 带来额外的好处。这意味着，每个人都能从惩罚者的行为中得到一点好处，但惩罚成本

---

1 Fincher, K. M. and Tetlock, P. E. (2016) 'Perceptual dehumanization of faces is activated by norm violations and facilitates norm enforcement', *Journal of Experimental Psychology: General*, 145 (2), 131–146.

2 Ewing, D., Zeigler-Hill, V. and Vonk, J. (2016) 'Spitefulness and deficits in the social–perceptual and social–cognitive components of Theory of Mind', *Personality and Individual Differences*, 91, 7–13.

则由惩罚者个人承担。问题是惩罚者本人承担成本却没有获得直接收益，因此让别人来实施惩罚，对每个人来说都是最合算的。

我们举个例子来说明这一点。假设你在排队，你排在队伍的第十名，有个人慢慢地走到队伍前面，他不按顺序排队，直接插到队伍的第二名。这时，需要有人站出来制止其插队。但这样做可能有风险，插队者的口袋里可能有一把刀。也许你会静静地站着，等别人来劝阻插队者。这样，你既可以不用冒任何风险，又能获得好处——插队者被别人赶跑了。

因此，让别人来实施惩罚似乎是合乎逻辑的。然而，正如我们从最后通牒博弈实验中看到的，许多人准备自己实施惩罚。事实上，在日常生活中，这种情况也很常见。例如，作家比尔·布莱森 (Bill Bryson) 讲述了这样一个故事。[1] 1987年的某天，约翰·法洛斯 (John Fallows) 去伦敦的一家银行办事，在银行窗口前排队。在他排到队伍前面时，一个名叫道格拉斯·巴思 (Douglas Bath) 的人跑进银行，插到队伍的最前面。巴思手持一把枪，让出纳员交出钱来。法洛斯对此非常恼火，喝令巴思"滚开"，去队伍后面排队。巴思大吃

1　Bryson, B. (1995) *Notes from a small island*. London: Transworld.

一惊，偷偷溜走了。不一会儿，他就被警察逮捕了。法洛斯喝止了那个想抢劫的人，窗口前排队的人都因此而受益。显然，让法洛斯一个人承担这样做的潜在成本，对他们来说是有利的。

我们可能想知道，这种"高代价惩罚"是如何演化而成的，因为带有这种基因 (使其倾向于实施高代价惩罚) 的人在演化中应该会逐渐被淘汰。从长远来看，坐收其利 (自己不用付任何代价，却能从惩罚者的行为中获益) 的那些人更有可能生存下来。像约翰·法洛斯这样的人迟早会被杀死，他们的"高代价惩罚"基因也应该会随之消亡。

然而，当我们考虑到"第三方高代价惩罚"时，情况会变得更加复杂。在最后通牒博弈中，回应者惩罚的是对他不公平的人，这被称为"第二方高代价惩罚"。假设你在观察两个玩家参与独裁者博弈，如果给你机会，你是否会付出代价去惩罚那个分配不公的独裁者，即使这与你毫无关系？这被称为"第三方高代价惩罚"。就前文在银行窗口前排队的例子而言，"第三方高代价惩罚"就像是你站出来呵斥一个排在你后面的插队者 (那个想抢劫的人)。[1] 肯定没有人会

---

1 This point is made by Seip, E. C., Van Dijk, W. W. and Rotteveel, M. (2009) 'On hotheads and dirty harries: The primacy of anger in altruistic punishment', *Annals of the New York Academy of Sciences*, 1167 (1), 190–196.

这么做吧？然而，有很多人确实会这样做。

恩斯特·费尔（Ernst Fehr）设计的关于第三方惩罚实验中，其他人参与独裁者博弈，被试者在一旁观看。最后，被试者可以选择付出代价去惩罚提出不公平提议的独裁者。费尔及其同事发现，在所有的被试者或旁观者中，多达60%的人会选择付出代价去惩罚对另一方不公的独裁者。[1]

这种"第三方高代价惩罚"似乎是人类独有的。黑猩猩会去伤害或惩罚偷它食物的黑猩猩；但如果一只黑猩猩发现另一只黑猩猩的食物被偷，即使那只黑猩猩是它的亲戚，它也不会去惩罚偷食物的黑猩猩。[2] 相比之下，在人类社会中，即使是年幼的孩子，也愿意付出一定代价去惩罚违背规则的第三方。心理学家凯瑟琳·麦考利夫（Katherine McAuliffe）及其同事发现，6岁儿童会放弃自己的一些糖果，去惩罚行事不公的其他孩子（与另一个孩子分享糖果时，提出不公平分配方案的孩子）。[3] 我再强调一遍，人类的恶意倾向很强，即使是孩子，在看到一个陌生人不公平对待另一个陌生人时，也会以放弃自己的糖果为代价来惩罚那个行事不公

1 Fehr, E. and Fischbacher, U. (2004) 'Third-party punishment and social norms', *Evolution and Human Behavior*, 25 (2), 63–87.

2 Riedl, K., Jensen, K., Call, J., *et al.* (2012) 'No third-party punishment in chimpanzees', *Proceedings of the National Academy of Sciences*, 109 (37), 14824–14829.

3 McAuliffe, K., Jordan, J. J. and Warneken, F. (2015) 'Costly third-party punishment in young children', *Cognition*, 134, 1–10.

的人。就连孩子都愿意这样做，这足以说明我们的恶意冲动有多么强。

上述研究表明，在第三方惩罚实验中，作为独裁者博弈的旁观者，有相当多的人愿意付出代价惩罚违背公平规则的独裁者。然而，有些研究人员对这一研究结果提出质疑，认为这个结果与实验设计不严谨有关。[1] 首先，研究者只给了被试者一个选择（要么惩罚独裁者，要么不惩罚），这在某种程度上意味着他们应该惩罚。这可能会使他们感到压力，迫使他们选择惩罚。其次，被试者知道，其他玩家（实验参与者）能看到他们是否给出了惩罚。因此，他们会感到有观众在注视着他们的行动。这意味着是否实施惩罚关乎他们作为公正之人的声誉。

心理学家埃里克·佩德森（Eric Pedersen）及其同事设计了一个实验，试图解决上述问题。他们去除了研究中的隐含提示（被试者应该实施第三方惩罚），使惩罚匿名，重新进行了实验。他们发现了一些重要的差异。[2]

首先，他们发现，几乎没有人（或者说只有极少数被试者）会选择付出代价去惩罚独裁者博弈中的独裁者（对一个陌生人不公平的另

1　Pedersen, E. J., Kurzban, R. and McCullough, M. E. (2013) 'Do humans really punish altruistically? A closer look', *Proceedings of the Royal Society B: Biological Sciences*, 280 (1758), 20122723.

2　Ibid.

_{一个陌生人）}。其次，虽然有少数几个被试者选择实施惩罚，但这似乎并不是因为他们对违反道德的行为感到愤怒，而是出于妒忌。他们惩罚独裁者，并不是因为他们对独裁者的不公平行为感到愤怒，而是因为他们认为独裁者获得了优势，他们感到苦恼。最后，研究人员发现，人们对自己行为的预测与实际行为之间存在差异。在这项研究中，被试者预测，当他们看到独裁者博弈中的独裁者不公平行事时，他们会感到愤怒，会付出代价惩罚独裁者。然而，正如我们在这项研究中看到的，当目睹独裁者的不公平行为时，被试者并没有感到愤怒，也没有付出代价实施惩罚。这似乎表明，我们对自己行为的预测并不准确。我们觉得自己会如何做，并不等于我们实际上会如何做。我将在后面的章节中再次提及这个问题。

由此看来，第三方惩罚似乎是有条件的，只有当我们能从中获得好处时，我们才会付出代价惩罚对一个陌生人不公的另一个陌生人。这种惩罚行为带来的好处，并不是造福社会_{（社会上的每个人都能平等受益）}，而是惩罚成本不仅由惩罚者个人承担，同时，惩罚者还会得到利于他们自己的独特好处。

恶意就像是昆虫身上五颜六色的斑纹可以表明毒性，是一种警告信号。这种行为发出的信号是，这里有一个"不好惹"的人。因此，如果你恶意，对行事不公的人实施惩罚，这个人在以后就会更公平地对待你，改善与你的合作关系，而且只对你如此。也就是说，他不会因此而更公平地对待每一个人。同样，其他人也会看到或得知你实施高代价惩罚，从而意识到你是个不好惹的人，这会使他们更重视你，更注重与你的合作，而且只对你如此。[1]恶意是一个信号，表明你不好惹，这会让你受益。

我们可以通过实施高代价惩罚而获得直接的个人利益。这一观点与一种有影响力的愤怒理论相吻合。该理论指出，愤怒的目的是让别人改变他们对我们的看法或重视程度，在以后更好地对待我们。[2]简言之，如果你对别人发火，他们就不得不更在乎你。

福利权衡率（Welfare Tradeoff Ratio）指的是他人福利与自我福利的比率，即别人对你的福利的重视程度。[3]别人会在头脑中计算出这样一个福利权衡率，然后分配给你，并会随着新事件的发生而更新它。在考虑如何对待你的时候，他们

1 Dos Santos, M., Rankin, D. J. and Wedekind, C. (2011) 'The evolution of punishment through reputation', *Proceedings of the Royal Society B: Biological Sciences*, 278 (1704), 371–377.

2 Sell, A. (2017) 'Recalibration theory of anger', *Encyclopedia of Evolutionary Psychological Science*, 1–3.

3 Tooby, J. and Cosmides, L. (2008) 'The evolutionary psychology of the emotions and their relationship to internal regulatory variables', in M. Lewis, J. M. Haviland-Jones and L. F. Barrett (eds), *Handbook of emotions* (pp. 114–137). London: Guilford Press.

会用到这个福利权衡率。[1] 你可能会发现，某人对你的福利重视不够，如在最后通牒博弈中，提议者分配给你的份额很低。在这种情况下，你需要让他们调整福利权衡率。在最后通牒博弈中，通过拒绝接受他们的低份额提议，你惩罚了他们，让他们记住以后更重视你的福利。简言之，如果你现在不付出代价，为自己而战，你的权利以后还会遭到践踏。恶意可能是受压迫者的最后武器。

这种第三方惩罚行为也可能表明你是个圣人，而不是一个不好惹的人。其他人对你的评价更高，可以使你从中受益。这种利益可以是直接的物质利益。在独裁者博弈的一种变式中，我们也观察到了这种情况。想象一下，在独裁者博弈中，你是第三方，当看到独裁者给另一个玩家一个不公平提议时，你付出代价惩罚了独裁者。如果其他人（实验中的旁观者）看到你这样做，那么他们中的一些人是会找机会奖励你的。[2]

在现实生活中，人们不太可能因为看到你惩罚别人而直接奖励你。你的奖励将是，他们会选择与你合作。你从这种合作中获得利益，但这并不依赖于他人无私的奖励。

1 McCullough, M. E., Kurzban, R. and Tabak, B. A. (2013) 'Cognitive systems for revenge and forgiveness', *Behavioral and Brain Sciences*, 36 (1), 1–15.

2 Raihani, N. J. and Bshary, R. (2015) 'Third-party punishers are rewarded, but third-party helpers even more so', *Evolution*, 69 (4), 993–1003.

选择与一个公平的伙伴合作，对他们来说，完全是出于自身利益行事。[1] 尽管我们有恶意的倾向，利己主义仍然是我们将如何行动的一个强有力的预测因素。

事实证明，只有当你付出代价惩罚对别人不公平的人（第三方高代价惩罚）时，你才能从他人那里获得明确的利益。当你付出代价惩罚对你不公平的人（第二方高代价惩罚）时，这实际上似乎会给你带来问题。这种行为不会促进合作，反而会加剧冲突。最近一项关于惩罚和合作的研究就得出了这样的结论，"赢家不会使用惩罚……输家会使用惩罚并自取灭亡"。[2]

事实上，我们通常不会尊重实施第二方高代价惩罚的人，我们认为他们会睚眦必报、不公平。俗话说，"法官不得对使自己蒙受的过错进行惩处"（a judge cannot punish a wrong done to himself）。一个人若是不去惩罚那些对自己不公平的人，就更有可能被认为是值得信任和利他的。[3] 对于惩罚者来说，实施第二方惩罚似乎并没有什么直接的好处。

相比之下，实施第三方高代价惩罚（付出代价惩罚对别人不公平

1 Sylwester, K. and Roberts, G. (2013) 'Reputation-based partner choice is an effective alternative to indirect reciprocity in solving social dilemmas', *Evolution and Human Behavior*, 34 (3), 201–226.

2 Dreber, A., Rand, D. G., Fudenberg, D., *et al.* (2008) 'Winners don't punish', *Nature*, 452 (7185), 348–351.

3 Heffner, J. and FeldmanHall, O. (2019) 'Why we don't always punish: Preferences for non-punitive responses to moral violations', *Scientific Reports*, 9 (1), 1–13.

的人），似乎确实会使惩罚者受益。例如，如果有人付出代价惩罚群体中的欺骗者，尽管受欺的不仅仅是惩罚者一个人，相比于不实施惩罚的人，实施惩罚的人会被认为更值得信任，更忠于群体，更值得尊重。[1] 我们喜欢这样的人，他们似乎坚守道德规范，慷慨无私。[2] 英雄会为了他人挺身而出，而不是为了一己私利。

我们可以将第三方高代价惩罚视为"高代价信号"。雄孔雀长出巨大的尾巴，向潜在的交配对象发出信号，表明它们是如此强壮，有着充沛的能量和华贵绚丽的羽毛。雄孔雀的尾羽是它们炫耀的工具，表明它们是强壮的，对潜在的交配对象或雌孔雀来说，是很好的选择。同样，实施第三方高代价惩罚的人，也相当于发出了一个高代价信号，表明自己是一个强大、公正的人，会成为一个好伴侣。如果你在与自己没有任何利害关系的情况下挺身而出，惩罚行事不公的人，会使你显得非常有吸引力。

*

如果恶意（惩罚对你不公平的人）通常会使问题升级，那么在最后通牒博弈实验中，为什么有那么多的人拒绝接受不公

1　Barclay, P. (2006) 'Reputational benefits for altruistic punishment', *Evolution and Human Behavior*, 27 (5), 325–344.

2　Heffner and FeldmanHall (2019).

平提议？其中一个原因是，在这个实验中，被惩罚的人（提议者）没有机会报复实施惩罚的人（回应者）。

在最后通牒博弈实验中，如果受到惩罚（提议被拒绝）的提议者可以进行报复，大约有25%的人会进行报复。[1] 在可能会遭到报复的情况下，就不会有那么多人实施高代价惩罚了。

在现实世界中，人们可以进行报复，所以第二方高代价惩罚行为（惩罚对自己不公平的人）并不常见，远没有最后通牒博弈实验中那么常见。人类学研究发现，在小部落社会中，部落成员并不是通过这种高代价惩罚来维持合作的。相反，他们是通过一种反支配行为来维持合作的。他们会采用代价较低的惩罚方式来维持合作。

就对不公平行事者的惩罚而言，有一种方法可以降低实施惩罚的个人成本，那就是稀释成本。由一群人共同承担惩罚成本，就叫作稀释成本。在小部落社会中，犯了当死之罪的人通常是由群体（而不是个人）来实施惩罚的。这最大限度地降低了惩罚者个人所需承担的成本。同样，在西方社会中，当一个人发现另一个人在惩罚违规者时，这个人也会更乐意加入其中，参与对违规者的惩罚。毕竟人多势

---

1 As noted by Guala (2012).

众才安全。[1]

　　人们还通过其他方法来降低实施惩罚的成本，如采用比直接惩罚代价更低的惩罚方式，包括在背后议论、传播八卦、嘲笑和排斥。在现实世界中，人们更可能采用此类惩罚方式，而不是直接与之对抗，[2] 尤其是在小型社会中。因纽特人部落成员之间的纷争是通过类似说唱对决的方式来解决的，双方轮流说唱，采用对歌的方法取笑对方。[3] 社会学者弗朗西斯科·瓜拉 (Francesco Guala) 发现，在哈扎人部落，当他问那里的人们如何对待懒惰或抠门的部落成员时，最常见的回答是"我们远离他们"，而不是"我们让他们离开"。[4] 对美国的迦勒底人社区的成员来说，指责算是一种相对高代价的惩罚方式，只适用于轻微违反社会规范的行为，如未能回收利用资源。在处理严重问题时，社区成员则会采用代价较低的惩罚方式，如背后议论或传播八卦。[5]

1　Molleman, L., Kölle, F., Starmer, C., *et al.* (2019) 'People prefer coordinated punishment in cooperative interactions', *Nature Human Behaviour*, 3 (11), 1145–1153.

2　Berger, J. and Hevenstone, D. (2016) 'Norm enforcement in the city revisited: An international field experiment of altruistic punishment, norm maintenance, and broken windows', *Rationality and Society*, 28 (3), 299–319.

3　Hoebel, E. A. (1954) *The law of primitive man: A study in comparative legal dynamics*. Cambridge, MA: Harvard University Press.

4　Guala (2012).

5　Henrich, N. and Henrich, J. P. (2007) *Why humans cooperate: A cultural and evolutionary explanation*. Oxford: Oxford University Press.

八卦有两大好处。[1] 正如乔治·哈里森 (George Harrison) 在歌曲《魔鬼的广播》(Devil's Radio) 中所唱的，八卦是有效的。[2] 八卦可能会对他人的声誉造成极大的破坏性影响，这会促使人们在合作中更注意自己的行为。[3] 事实上，在促进合作方面，传播八卦似乎比直接惩罚要好。[4] 它是低代价的。八卦发起者可以隐瞒自己的身份，因此他有可能逃脱惩罚 (免遭八卦对象的报复)。传播八卦或许是一种低代价的惩罚方式，但不是无代价的，因为八卦者本人也会付出代价，其声誉可能会受到负面影响。[5]

在现实世界中，高代价惩罚是很少见的，不像在最后通牒博弈实验中那么常见。这可能是因为，在实验中，高代价惩罚 (拒绝接受不公平提议) 是被试者唯一的惩罚选项。在现实世界中，人们可以选用低代价的惩罚方式。如果你稍微改动一下最后通牒博弈实验，允许被试者 (回应者) 选择低代价

---

1 三种，如果你考虑到，没有它，我们就不会有电视剧《绯闻女孩》(Gossip Girl)。

2 https://www.youtube.com/watch?v=UoNHMJChnzA.

3 Feinberg, M., Willer, R., Stellar, J., *et al.* (2012) 'The virtues of gossip: Reputational information sharing as pro-social behavior', *Journal of Personality and Social Psychology*, 102 (5), 1015–1030; Wu, J., Balliet, D. and Van Lange, P. A. M. (2015) 'When does gossip promote generos- ity? Indirect reciprocity under the shadow of the future', *Social Psychological and Personality Science*, 6 (8), 923–930; Jolly, E. and Chang, L. J. (2018) 'Gossip drives vicarious learning and facilitates robust social connections', *PsyArXiv*, https://doi.org/10.31234/osf.io/qau5s.

4 Wu, J., Balliet, D. and Van Lange, P. A. M. (2016) 'Gossip versus punishment: the efficiency of reputation to promote and maintain cooperation', *Scientific Reports*, 6, 23919.

5 Turner, M. M., Mazur, M. A., Wendel, N., *et al.* (2003) 'Relational ruin or social glue? The joint effect of relationship type and gossip valence on liking, trust, and expertise', *Communication Monographs*, 70 (2), 129–141.

的惩罚方式,那么你会发现,低代价的惩罚方式更受欢迎。2005年,研究人员进行了这样一项研究,他们给了回应者一个额外的选择:可以写一张纸条,向提议者表达不满。[1]研究发现,如果提议者从10美元中只拿出2美元或更少的钱分给回应者,在收到这种不公平提议的回应者当中,将近90%的人会给提议者写一张纸条。可以想象,大多数人会在纸条上写下怨言。由于回应者可以通过这种方式表达不满,他们对不公平提议的拒绝率大幅下降,从60%降至32%。一位决定接受提议的回应者在纸条上写道:"我们本应该平分这笔钱的。别这么贪心,人们总是只考虑自己的利益。"如果有选择的话,许多人(尽管不是所有人)会满足于低代价的惩罚方式,使用书面方式提出指责。

书面或口头形式的告诫和指责,可能是低代价的惩罚方式,但它如果由个人来执行的话,也不太有效。与经济学有关的一项研究表明,如果只有一个人对违规者进行口头惩罚,违规者不会改变自己的行为。但如果违规者受到很多人的口头惩罚,他就会变得更加合作。[2]人们不会轻易改变自己的行为,除非他们受到了很多人的口头惩罚。这

1 Xiao, E. and Houser, D. (2005) 'Emotion expression in human punishment behavior', *Proceedings of the National Academy of Sciences*, 102 (20), 7398–7401.

2 Masclet, D., Noussair, C., Tucker, S., *et al.* (2003) 'Monetary and nonmonetary punishment in the voluntary contributions mechanism', *American Economic Review*, 93 (1), 366–380.

与金钱惩罚形成了鲜明的对比。即使只有一个人罚你的钱，也能促使你改变行为，变得更加合作。[1] 因此，恶意或实施惩罚，就像购买商品一样，你付出的代价越高，效果就越好。

就非金钱惩罚而言，如果实施惩罚的不是个人，而是一个广受认可的团体或机构，那么惩罚的效果会更好，受惩罚的人更有可能在以后表现得好。由一个机构来实施惩罚，可以维护社会合作氛围，这也是它的一个好处，因为它可以减少个人恩怨和私仇的威胁。[2] 但要达到这种效果，这个机构必须是一个得到认可或正当的机构。[3] 研究人员在乌干达进行了一项研究，他们发现，相比于由被随机选中的班长实施惩罚，由民选的班长实施惩罚会取得更好的效果，被惩罚者变得更加合作的可能性是前者的两倍。[4] 如果我们想要维持一个合作的社会，我们必须确保实施惩罚的机构是广受认可的。

*

人们认为，在最后通牒博弈中，一种特定类型的人

1 同108页注释2。

2 Balafoutas, L., Nikiforakis, N. and Rockenbach, B. (2016) 'Altruistic punishment does not increase with the severity of norm violations in the field', *Nature Communications*, 7 (1), 1–6.

3 Raihani, N. J. and Bshary, R. (2019) 'Punishment: one tool, many uses', *Evolutionary Human Sciences*, 1, e12.

4 Baldassarri and Grossman (2011), as cited in Raihani and Bshary (2019).

（互惠人）之所以拒绝接受不公平提议，是因为他们准备付出代价惩罚不公正的人 (“消极互惠”)。这种观点是不全面的，我们需要注意以下几点。第一，正如我们将在第四章中详细讨论的，仅仅蒙受损失还不足以促使人们付出代价去惩罚对方。只有在自己蒙受损失且这种损失意味着自己被另一方超过的情况下，人们才会付出代价去惩罚另一方。[1] 高代价惩罚不仅仅是以牙还牙 (消极互惠)，也是关乎不公平厌恶的，如果你被另一方超过，会触发你的反支配反应。在"行善者贬损" (do-gooder derogation) 现象中，这一点尤为明显。

如果有人对"互惠人"很好，"互惠人"应该以同样的方式回应。但如果对方的友善让他们获得了地位呢？"互惠人"会对什么做出反应：对方的友善 (以善报善)，或者对方的地位提升 (以恶报善，这触发了互惠人的反支配反应)？为了回答这个问题，你可以想象一下自己在参与如下博弈实验。

你和其他三名玩家每人得到20美元 (初始资金)，每个人独立选择将初始资金的一部分投入一个公共池 (小组基金)。你们每个人都可以从中获得收益，而且这个基金的总额越大，你们获得的收益就越多。这里有一个关键细节是，

1 Raihani, N. J. and McAuliffe, K. (2012) 'Human punishment is motivated by inequity aversion, not a desire for reciprocity', *Biology Letters*, 8 (5), 802–804.

你们每个人都可以获得收益，无论最初投入了多少，即使你没投钱，你也可以获得收益。这意味着，如果你没有往这个基金里面投钱，但其他人都投资了，那么你仍然拥有自己的初始资金，而且还可以从这个基金中获得收益。最终你会得到最多的钱，比其他任何一个玩家得到的都多。然而，对你们这个小组来说，只有在你和其他玩家都尽可能多地往这个公共池里面投钱的情况下，你们才能获得最大收益。

　　游戏结束时，每个玩家都可以根据其对公共池的贡献选择是否付出代价惩罚其他玩家。如果你选择付出代价来惩罚一个玩家，你每付出1美元的代价，你的惩罚对象将失去3美元。如果你发现一个玩家"搭便车"（很自私，对这个基金的贡献为0），你会付出代价对他实施惩罚吗？研究表明，在这种博弈中，很多玩家会这么做，付出代价惩罚那些搭便车的人。但是还有一个问题，似乎很奇怪。如果你发现一个玩家很慷慨，对这个基金的贡献更大，比你的贡献大，这也使你获得了更多的收益，你会付出代价惩罚这个慷慨的玩家吗？当然不会。在我提到它之前，你可能从来都没有往这方面想过。你现在明白了吧，事实证明陀思妥耶夫斯基是正确的：我们确实是"二足兽，不领情"。

　　2008年，贝内迪克特·赫尔曼（Benedikt Herrmann）及其同事在16个国家进行了上述实验 (公共品博弈实验)。[1] 正如预期的，如果一个玩家发现其他玩家自私，对这个基金的贡献少，这个玩家就会付出代价惩罚那些搭便车的人。但有趣的是，当某些玩家发现其他玩家更慷慨、对小组基金的贡献更大的时候，这些玩家仍然会付出代价惩罚慷慨的玩家！他们惩罚他人的慷慨，尽管他们从这种慷慨中获得了收益，这就是所谓的"行善者贬损"。这种对慷慨者的惩罚会降低合作水平，使得慷慨者在后续的几轮博弈中变得不那么慷慨了。它减少了合作可能性，人人皆输，或者至少看起来是这样。

这种对乐于助人和友善的惩罚，并不仅存于博弈实验中。人类学研究发现，捕获到大动物并与部落中所有成员共享的成功狩猎者，也会受到其他成员的指责。[2] 想想看，在我们的社会中，素食主义者会受到何种评价。尽管你可能不会觉得他们在为你改善世界，但你至少可以认识到，他们选择放弃吃肉是出于道德或利他主义。然而，吃肉的人可能会将素食主义视为对他们的公开谴责。这可能导致

1 Herrmann, B., Thöni, C. and Gächter, S. (2008) 'Antisocial punishment across societies', *Science*, 319 (5868), 1362–1367.

2 Boehm (1999), as cited in Pleasant, A. and Barclay, P. (2018) 'Why hate the good guy? Antisocial punishment of high cooperators is greater when people compete to be chosen', *Psychological Science*, 29 (6), 868–876.

他们惩罚素食主义者。[1] 对于任何想让世界变得更美好的人来说，这种"行善者贬损"（惩罚那些试图帮助他人或世界的人）倾向，是非常令人担忧的。

那么，为什么有些人会惩罚慷慨者呢？这似乎与我们的反支配倾向有关。一个不太慷慨的贡献者，可能会觉得更慷慨的贡献者获得了地位。在群体中，慷慨行为与声誉和获得地位有关，慷慨者有可能获得支配地位。正如伏尔泰所说，"至善者，善之敌"（the best is the enemy of the good）。[2]

这也可以用生物市场理论（biological markets theory）来解释。[3] 该理论认为，人们为了被合作者选为合作伙伴而竞争。若要实现这一目标，一种策略是，比其他人更友善、更慷慨。另一种策略是，试图让你的竞争对手显得很糟糕。诋毁一个行善者，可能会让你（一个恶意的人）显得相对好一些，或者至少不那么糟糕。

尽管这样的行为有可能让你显得小气和心胸狭窄，但有证据表明，我们确实会为了让自己看起来更有吸引力（被潜在的合作者选中）而惩罚慷慨的人。[4] 研究表明，如果被试者觉

---

1 Minson, J. A. and Monin, B. (2012) 'Do-gooder derogation: Disparaging morally motivated minorities to defuse anticipated reproach', *Social Psychological and Personality Science*, 3 (2), 200–207.

2 Pleasant and Barclay (2018).

3 Ibid.

4 Ibid.

得有观察者在考察他们，有可能在后续的博弈中将他们选为合作伙伴的话被试者更有可能惩罚在公共品博弈实验中比自己更慷慨的玩家。

"行善者贬损"是打压慷慨者的一种方式。这对社会来说是一个问题，它导致慷慨者不会变得更慷慨，阻止了慷慨行为的增加。[1] 它鼓励我们做好人，但不要太好。虽然我们可能是成年人了，但仍然要像在校园里一样。

我们需要了解，哪些因素会促使人们惩罚慷慨者。赫尔曼和他的同事提供了一些答案。他们发现，在法治较弱的国家，人们对慷慨者的惩罚更多。如果与合作有关的社会规范较弱（例如，人们在多大程度上认为逃税、福利欺诈或逃火车票等行为是可以接受的），人们对慷慨者的惩罚也会更多。这可能是因为，在缺乏有力的机构来实施惩罚的情况下，人们需要恶意行事以提高合作水平。

赫尔曼和他的同事们还发现，在不平等程度更高的国家，人们对慷慨者的惩罚更多。这似乎是因为，在不平等程度高的国家，对个人来说，占据优势会带来巨大的好处。这就是所谓的"繁殖偏离"(reproductive skew)。在高度不平等的情况下，处于顶端的人会获得丰厚的回报。因此，我们天

1 Barclay, P. (2013) 'Strategies for cooperation in biological markets, especially for humans', *Evolution & Human Behavior*, 34 (3), 164–175.

性中的反支配倾向，促使我们把这些人从高处拉下来。环顾当今世界，这并不是一个好兆头。

*

反支配倾向促使我们付出代价惩罚那些不公平行事并试图支配我们的人。这种高代价惩罚，若是由我们在本章开始时提到的那种人来实施，就是合理的。那种人是公正的，在最后通牒博弈中，他们拒绝接受不公平提议；在独裁者博弈中，作为提议者，他们会提出公平的分配方案。他们惩罚违背规范者且遵守规范。这一点很重要。如果你被一个遵守规范的人惩罚，你会觉得自己之所以受到惩罚是因为违背了规范。但如果你被那种不遵守规范的人惩罚，你会觉得他不是在执行规则，而是试图打压你。你会觉得，他惩罚你，是出于竞争的目的。[1] 你不太可能接受这种惩罚。这促使惩罚者说服惩罚对象相信，他们实施惩罚是出于道德原因，而不是出于私人动机和利害原因。要让别人相信你的动机，最好的方法就是，你自己先相信它们。最好的骗子是相信自己说的是真话的人。正如我们将在后面看到的，我们经常为了个人的相对优势而惩罚或刁难他人，但却自欺欺人地认为，这样做是出于道德原因。

1　Brañas-Garza *et al.* (2014).

在现实世界中，高代价惩罚行为之所以不常见，是因为惩罚者担心遭到报复。这导致我们寻求低代价的惩罚方式。从历史上看，缺乏匿名性在一定程度上抑制了个人的恶意，但我们现在的社会已经大不相同了。我们可以以匿名的方式泄愤，尤其是在网络世界中。在匿名情境中，人们可以避免承担责任，所以毫无顾忌地泄愤。匿名社交网络注定会成为一个恶意的社交网络。

我会在本书的结论部分重提这个问题，接下来我们需要了解，在最后通牒博弈中拒绝接受不公平提议的人，出于什么动机。长期以来，研究人员一直认为，在最后通牒博弈中拒绝接受不公平分配方案，是合作者惩罚不公平行为的结果。然而，这反映了一种对人性过于乐观的看法。最近的研究发现，有这样一些玩家，他们在最后通牒博弈中拒绝接受不公平分配方案，但在接下来的独裁者博弈中，作为提议者，他们只分给对方少得可怜的份额。他们不仅仅是受到反支配倾向的驱使，还想要成为支配者。他们恶意行事，不仅仅是因为不愿意落在别人后面，还想要超过别人，比别人拥有更多。在最后通牒博弈中，他们拒绝接受低份额提议是出于支配的动机，这可以被称为支配性恶意。

第三章

支配性恶意

我们越觉得这个世界是充满地位竞争的，由于繁殖偏离，获得支配地位会使我们得到更多的好处，我们就越有动力去获得支配地位。

"一切需求中最迫切的那种需求"，法国作家阿历克西·德·托克维尔（Alexis de Tocqueville）说："是保持自己的地位稳定，不要落入社会底层。"虽然我们可以舍财，但舍不得放弃自己的社会地位。想象一下，在你所在的国家，政府提议提高最低工资，哪些人会最反对？最反对提高最低工资的，并不是收入最高的那些人，而是工资稍微比最低工资高一点的那些人。在他们当中，相当一部分人实际上是反对给自己涨工资的。他们之所以最反对提高最低工资，是因为他们担心那些收入更低的人赶上他们，他们不希望自己与当前收入最低的人同处新的社会阶梯的最底层。"厌恶最后"（last-place aversion），促使他们想要保持自己当前的位置稳定，即使他们位居社会阶梯的倒数第二层。为了保持相对优势，他们愿意放弃绝对收益。因此，拒绝加薪或反对提高最低工资，代表了一种支配性恶意：为了获得或保持领先地位，不惜伤害自己和他人。[1]

正如我们在上一章中看到的，在最后通牒博弈中，拒绝接受低份额提议的那些人当中，有些人是公正的，他们可以被称为"互惠人"。他们是强互惠者，会付出代价惩罚

---

1 https://www.scientificamerican.com/article/occupy-wall-street-psychology/; Kuziemko *et al.* (2014).

伤害他们的人，但倾向于与他人合作。在独裁者博弈中，作为提议者，他们会分给对方一个合理的份额。然而，还有一种人，他们也会在最后通牒博弈中拒绝接受不公平提议，被称为"竞争者"(homo rivalis)。[1] 他们倾向于自私地行事，而不是合作。因此，他们会在独裁者博弈中提出不公平的分配方案，也会在最后通牒博弈中拒绝接受低份额提议。他们这样做，并不是因为他们倾向于与他人合作，而是因为他们反支配的一面被不公平所触发。他们这样做是因为这能使他们获得相对优势，可以支配对方。

对于"竞争者"来说，最后通牒博弈不是社会交易或交换，而是地位竞争。在最后通牒博弈中，作为回应者，如果提议者只从10美元中拿出2美元分给他们，他们会拒绝接受，导致损失2美元，但是提议者损失了8美元。他们获得了相对收益。"互惠人"并不想把自己抬高到高于他人的地位，然而，"竞争者"喜欢出人头地。他们"宁在地狱称王，不在天堂为臣"。[2]

关于"竞争者"，我们可以参考荷兰心理学家保罗·范

---

1 Herrmann, B. and Orzen, H. (2008) 'The appearance of homo rivalis: Social preferences and the nature of rent seeking', CeDEx discussion paper series, No. 2008–10. 这些研究人员并不是建议创造一种叫作"竞争者"的新类型，而是在强调，在正确（或错误）的环境下，我们大多数人都可能像这样行事。我们的人性在某种程度上是不固定的，是受社会环境影响的。

2 Hat tip to John Milton's *Paradise Lost*.

兰格（Paul van Lange）的研究。[1] 他的研究着眼于人们的"社会价值取向"（social value orientation），反映了人们对自己和他人分配结果的一种稳定偏好。范兰格的研究发现，人们的"社会价值取向"可分为三种类型。如果你想知道自己是哪种类型的，可以参看以下几个选项。

你和另一个人将获得一些积分，得到的积分越多越好。你可以在以下三个选项中进行选择：

选项1：你得480分，另一个人得480分。

选项2：你得540分，另一个人得280分。

选项3：你得480分，另一个人得80分。

你会选择哪个选项？

如果你选择了选项1，你的社会价值取向是"亲社会型"（prosocial）。[2] 这表明你与大多数人一样，因为66%的人属于这种类型，其中包括"互惠人"。如果你选择了选项2，你的取向是"个人主义型"（individualistic）。你以追求自身利益最大化为目标，就像一个"经济人"，大约20%的人属于这一

---

1 Van Lange, P. A. M., De Bruin, E. M. N., Otten, W., *et al.* (1997) 'Development of prosocial, individualistic, and competitive orientations: Theory and preliminary evidence', *Journal of Personality and Social Psychology*, 73 (4), 733–746.

2 我从保罗·范兰格及其同事于1997年发表的一篇研究论文（见上一条注释）中获取了这些数据，他们的研究涉及对普通人群的调查。这项调查评估了1728人的社会价值取向，其中有135人无法被归类，剩下的1593人中，有1134人可被归类为"亲社会型"（占66%），340人可被归类为"个人主义型"（占20%），119人可被归类为"竞争型"（占7%）。我计算出的百分比，不是基于这1593人，而是基于总样本量（1728人），此外，还有一些人无法被归类（占8%）。

类型。如果你选择了选项3，你是"竞争型"（competitive），只有7%的人选择这个选项。

选项3是恶意。你付出了代价，因为你没有选择能获得最多积分的选项（选项2）。同时，你也让另一个人付出了代价，因为你选择了选项3，另一个人只能得到最少的积分。你选择拉开自己与他人的积分差距，并让这种差距最大化。你注重的是你的支配地位，而不是使自己的收益最大化。大约有7%的人选择选项3，这与我们之前在第一章开头看到的那个问卷结果一致（大约有5%到10%的人选择同意问卷题目中恶意的表述）。这表明那张问卷主要评估的是支配性恶意。事实上，如果我们回顾一下那张问卷中的题目，会发现，其中的假设性情境显然并不涉及另一方的不公平行事。它们涉及的是，在有机会支配另一方，但需要付出代价的情况下，你如何选择。

我们可以通过另一种方法（改变博弈实验中的惩罚代价），来了解反支配性恶意与支配性恶意之间的区别。大多数博弈实验的惩罚设计是这样的，你每付出1美元的代价，你的惩罚对象就会损失3美元。如果其他玩家不公平行事（给出一个低份额提议），受到反支配性倾向恶意驱使的人会实施惩罚，把他们拉回到小组平均水平上。然而，竞争者之所以会实施惩罚，是因为他们渴望获得相对收益。因为他们每付出1美元的代价，惩罚对象就会损失3美元。他们想要获得支配地位。

现在，如果我们改变游戏规则，假设你每付出1美元的代价，你的惩罚对象也会损失1美元，那么情况就会发生变化。受到反支配倾向驱使的人仍会实施惩罚，因为他们想要让那些寻求优势的玩家蒙受损失，减少收益。但竞争者则不同，他们应该不会再选择实施惩罚了，因为这样做不会给他们带来相对收益。他们每付出1美元的代价，他们的惩罚对象也会损失1美元，他们无法获得支配地位。因此，他们会选择放弃，到此为止。

在一项研究中，当研究人员改变了惩罚的代价，他们确实观察到了上述现象。[1]研究人员先让被试者参与一个博弈实验，看看他们是合作者，还是自私者；然后，让被试者获知其他玩家在博弈实验中的表现。他们可以选择惩罚其他玩家。在第一种情况下，惩罚者每付出1美元的代价，惩罚对象会损失3美元；在第二种情况下，惩罚者每付出1美元的代价，惩罚对象也只损失1美元。

在合作者当中，大约有60%的人会选择惩罚自私的玩家，两种情况下都是如此，他们不会考虑惩罚代价。然而，自私者则不同。在第一种情况下，在自私者当中，大约有

1   Falk, A., Fehr, E. and Fischbacher, U. (2005) 'Driving forces behind informal sanctions', *Econometrica*, 73 (6), 2017–2030.

40%的人会选择实施惩罚。但是在第二种情况下，在自私者当中，只有2%的人选择实施惩罚。违背公平原则还不足以引发他们（自私者）的反支配行为，他们看重的是自己相对于其他玩家的地位。只有当他们能够提高自己的相对地位时，他们才会恶意行事。如果惩罚不能使他们获得相对于其他玩家的经济优势，他们就不会感兴趣。

实施惩罚的人，想要达到什么样的惩罚结果，或者说有多少人是以支配为目的，而不是以恢复平等为目的？为了探讨这个问题，研究人员设计了一个实验。他们让被试者选择惩罚结果，被试者可以通过惩罚来获得个人优势，或者通过惩罚来恢复平等。研究人员让被试者先参与独裁者博弈，独裁者提出分配方案之后，被试者（回应者）可以选择支付一笔费用来毁掉独裁者的一部分收益。[1] 被试者需要支付1美元的固定费用，就可以毁掉独裁者的一部分收益，至于毁掉多少，则由被试者看着办。大约有2/3的被试者选择重罚独裁者，他们要达到的惩罚结果是，使他们自己的收益高于独裁者的收益。他们想超越独裁者，而不仅仅是恢复平等。2/3的惩罚者是以超越或取得支配地位为目的，而不是以恢复平等为目的。

---

1 Houser, D. and Xiao, E. (2010) 'Inequality-seeking punishment', *Economics Letters*, 109 (1), 20–23.

在其他博弈实验中，研究人员也发现了"竞争者"。在上一章的烧钱博弈实验中，我们看到，如果被试者发现其他玩家在游戏中得到了不应得的钱，会选择付出代价实施惩罚，烧掉其他玩家得到的钱。然而，在一轮游戏结束后，如果你发现其他玩家得到的钱比你得到的多，而且有正当的理由，比如因为他们更努力，那该怎么办，你还会惩罚他们吗？

为此，研究人员设计了一个博弈实验，名为"破坏的乐趣"（Joy of Destruction）。[1] 在这个实验中，如果你是被试者，研究人员会让你看几条杂志广告，并对其质量进行评估。你需要付出一定的时间才能完成一条杂志广告的评估，如果你愿意的话你最多可以评估三条杂志广告。每评估完一条，你就会得到一定的酬劳（一笔现金）。研究人员告诉你，另一个玩家也在做这项任务，如果你愿意，可以毁掉对方获得的酬劳。你不必为此付出任何代价（使之成为"弱的恶意"），其他玩家也不会知道是谁毁掉了他们的酬劳。在这种情况下，你会怎么做，是否会随意毁掉其他人的酬劳，只因为自己可以这样做？

让我们先从好消息开始。如果研究人员告诉被试者，

---

1 Abbink, K. and Sadrieh, A. (2009) 'The pleasure of being nasty', *Economics Letters*, 105 (3), 306–308.

其他玩家会知道他们的酬劳是被谁毁掉的，在这种情况下，几乎没有人会毁掉其他玩家的酬劳。由于害怕遭报复，大多数被试者不会轻易恶意行事。只有不会被发现的时候，他们才会恶意行事，他们当中的绝大多数是懦夫。不幸的是，正如我们将在第七章中讨论的，并不是每个人都如此。

接下来，让我们来看坏消息。如果被试者知道自己的行为不会被对方发现，有多少被试者会毁掉其他玩家的一部分酬劳？研究发现，有大量的人会这样做。在匿名的情况下，有40%的被试者会选择毁掉其他玩家的一部分酬劳。这个比例远高于第一章中的问卷结果（大约有5%到10%的人选择恶意选项），也远高于本章开头的范兰格研究结果（就社会价值取向而言，有7%的人看起来像是"竞争者"）。

这个比例为何如此之高？一种可能性是别人的相对优势，即使是他们公平地赢得的，也会激起我们内心的反支配倾向。在如今的狩猎采集部落社会中，如果某些成员想要居于其他成员之上，想要拥有更多东西，他们就会被其他成员打倒。即使他们是成功的狩猎者，由于具有高超的狩猎技巧和毅力而捕获了一个大猎物，其他成员也不会允许他们把大部分食物留给自己。如果试图这样做，他们就会遭到惩罚，因为这引发了群体的反支配行为。我在上一章中提到，对不公平的愤怒是促使人们恶意行事的一个原因。然而，即使别人没有违背公平规则，妒忌（对别人的优势心怀不满）和幸灾乐祸（在别人遭受损失时感到高兴）等情绪也可能驱使我们恶意行事。[1]

然而，这似乎并不是全部答案。原因就在这里：假设你没有选择多劳多得，你最多可以评估三条广告，如果你完成这个任务，就可以拿到三笔酬劳。但由于你只评估了一条广告，所以你只拿到了一笔酬劳。因此，你可能会认为其他玩家挣得比你多，是因为他们可能评估了多条广告，从而获得了更多的酬劳。然而，假设你完成了这个任务，评估了三条广告，其他玩家也至多只能评估三条广告，所以他们不可能挣得比你多。如果只有受到反支配倾向驱使的人才会做出毁掉他人酬劳这种事，那么相比于评估了三条广告的玩家，评估了一条广告的玩家更有可能毁掉其他玩家的酬劳。

然而，研究人员发现，评估了三条广告的被试者与只评估了一条广告的被试者一样，都会做出毁掉对方酬劳这种事。在这方面，二者的表现并没有什么区别。人们毁掉

1 Steinbeis, N. and Singer, T. (2013) 'The effects of social comparison on social emotions and behavior during childhood: The ontogeny of envy and Schadenfreude predicts developmental changes in equity-related decisions', *Journal of Experimental Child Psychology*, 115 (1), 198-209.

对方的钱财似乎不只是出于反支配的动机，[1]有些人似乎是出于支配的动机。毕竟，如果你评估了三条广告，并且还做出了毁掉其他玩家的酬劳这种事，你这样做的唯一原因就是超过他们，从而支配他们。因此，在归纳人们性格特征方面，我们应该谨慎，不能简单地将其归入"竞争者"或"互惠人"之列。在某种（公平或不公平）情况下，大约有一半的人会像"竞争者"那样，想要支配他人。

证明自己的财富是通过正当手段获得的，并不能保证它的安全。就算你能说服别人你是凭自己的本事取得成功的，仍然可能遭到别人的攻击，比如别人可能会在暗中（匿名）伤害你。事实上，相比于靠运气成功的人，靠实力成功的人可能会让别人感到更受威胁，因此也更可能招人嫉恨。

这一研究成果表明我们的地位。如果别人靠运气拥有的比你多，并不表明他们比你更好，因为好运气会被用完。然而，如果别人靠实力取得了成功，那就意味着你们存在稳固的差异。一项研究表明，在游戏中，如果人们发现别人比自己赚的多，而且是靠技巧（而不是靠运气）的话人们更有

1　有人可能会反对说，在这个游戏中，严格来说，被试者并没有恶意行事，因为他们并没有付出代价去伤害对方。然而，当游戏进行到需要被试者用自己辛苦赚来的钱来毁掉对方的钱的时候，有25%的被试者仍然会以匿名的方式付钱来毁掉对方的收入。

可能毁掉别人。[1] 相比于运气好的人，有才华的人更可能招人嫉恨，尤其是会遭到匿名攻击。

由于繁殖偏离，获得支配地位会使我们得到更多的好处。我们越觉得这个世界是充满地位竞争的，就越有动力去获得支配地位。支配性恶意会提高我们的相对地位。我们面临的竞争越激烈，这种恶意也会随之增加。与此相一致的是，研究发现，在最后通牒博弈中，你面对的竞争越直接，你就越有可能拒绝接受低份额提议。[2]

当我们面对直接的竞争对手时，恶意会加剧，这是有道理的。如果你参与面向世界的竞争，你的钱包里具体有多少钱就很重要。但如果你和当地的一些人竞争，你的钱包里具体有多少钱就不那么重要了。更重要的是，你是否比当地的竞争对手更有钱。我们会表现出所谓的"位置偏见"(positional bias)。如果可以选择的话，我们宁愿自己收入较低但周围的人比自己的收入还低，也不愿自己收入高但是周围的人的收入更高。我们可以为了相对优势而牺牲绝对收益。[3] 如果你与当地的一小群人竞争，那么通过恶意行事

1 Rustichini, A. and Vostroknutov, A. (2008) 'Competition with skill and luck', https://www.researchgate.net/publication/228372140_Competition_with_Skill_and_Luck

2 Barclay, P. and Stoller, B. (2014) 'Local competition sparks concerns for fairness in the Ultimatum Game', *Biology Letters*, 10 (5), 20140213.

3 Hill, S. E. and Buss, D. M. (2006) 'Envy and positional bias in the evolutionary psychology of management', *Managerial and Decision Economics*, 27 (2–3), 131–143.

以获得相对优势是非常有益的，即使这会让你在绝对收益上蒙受损失。[1]

在田野实验中，研究人员也发现，当人们面临更多的局域竞争时，会更可能恶意行事。纳马人 (Nama) 是居住在纳米比亚南部的一个民族，依靠饲养牲畜来维持生计。他们在共同管理的土地上放牧。在这项研究中，纳马人作为被试者参与一个类似于"破坏的乐趣"(Joy of Destruction) 的博弈实验。在贫瘠土地上放牧的纳马人比在优质土地上放牧的纳马人更有可能毁掉他人的酬劳，甚至前者恶意行事的可能性是后者的两倍。[2] 如果你生活在牧草不足的地方，靠放牧维持生计，你就更可能将周围人视为你必须战胜的竞争对手。在资源稀缺的情况下，你可以从伤害竞争对手中获得更多好处。[3]

那么，大脑如何知道竞争正在加剧，并因此为获得相对优势而更有恶意？研究人员探究了这个问题。如果进入身体的营养物质减少，那就表明食物是稀缺的，我们的大脑是通过这种方式来判断竞争正在加剧的，至少在我们祖

1 Gardner, A. and West, S. A. (2004) 'Spite and the scale of competition', *Journal of Evolutionary Biology*, 17 (6), 1195–1203.

2 Prediger, S., Vollan, B. and Herrmann, B. (2014) 'Resource scarcity and antisocial behavior', *Journal of Public Economics*, 119, 1–9.

3 Raihani and Bshary (2019).

先进化的环境中是这样。

色氨酸是食物中的一种重要成分。它是一种必需氨基酸，人体不能合成，必须从食物中获得。没有色氨酸，我们就无法制造最重要的神经递质之一——血清素。因此，血清素水平下降不仅预示食物匮乏，也表明对资源的竞争正在加剧。恶意随着竞争的加剧而增加；血清素水平则随着竞争的加剧而下降。恶意的增加会不会是血清素水平下降引起的？通过一系列引人注目的研究，神经学家莫利·克罗基特 (Molly Crockett) 和她的同事证实了这一点。

2008年，克罗基特和同事们进行了一项研究，他们邀请一些人来实验室并作为被试者参与最后通牒博弈。一个星期之后，这些人被再次邀请来实验室参与最后通牒博弈。每次来到实验室，研究人员都会让被试者先喝一杯饮料。其中一次是让被试者喝普通饮料，而另一次是让他们喝含有特定物质 (引起急性色氨酸耗竭) 的饮料。克罗基特发现，同一组被试者喝了含有特定物质的饮料之后，在最后通牒博弈实验中，会更倾向于拒绝接受不公平提议，更倾向于恶意。[1]这表明，当体内的血清素水平降低时，人们的恶意会增加。

那么，当体内的血清素水平升高时，人们的恶意是否

1　Crockett, M. J., Clark, L., Tabibnia, G., *et al.* (2008) 'Serotonin modulates behavioral reactions to unfairness', *Science*, 320 (5884), 1739.

会减少？克罗基特和其同事在2010年探究了这个问题。在这项研究中，他们仍然采用上述实验方法，但这一次，他们选用了一种含有抗抑郁药物的饮料。服用抗抑郁药物，就能提高血清素水平。不出所料，同一组被试者，当体内的血清素水平升高时，在最后通牒博弈中，他们拒绝接受不公平提议的次数会减少，[1] 他们变得不那么恶意了。当体内的血清素水平升高时，人们的恶意确实会降低。

下一个问题是，血清素是如何起到这种作用的。降低被试者的血清素水平没有改变他们的情绪，也没有改变他们冲动行事的倾向，而且这并没有使他们觉得低份额提议更不公平。那么，血清素水平的降低为何与更多的恶意行为有关呢？

克罗基特的团队发现，当体内的血清素水平降低时，人们变得更愿意伤害他人。[2] 同样，当体内的血清素水平升高时，人们就会变得不太愿意伤害自己或他人。[3] 在随后的研究中，克罗基特的团队进一步探究了血清素的作用机

1 Crockett, M. J., Clark, L., Hauser, M. D., *et al.* (2010) 'Serotonin selectively influences moral judgment and behavior through effects on harm aversion', *Proceedings of the National Academy of Sciences*, 107 (40), 17433–17438.

2 Ibid.

3 Crockett, M. J., Siegel, J. Z., Kurth-Nelson, Z., *et al.* (2015) 'Dissociable effects of serotonin and dopamine on the valuation of harm in moral decision making', *Current Biology*, 25 (14), 1852–1859.

制。[1]他们发现，若降低被试者的血清素水平，他们惩罚他人时大脑内的背侧纹状体 (dorsal striatum) 活动会增强。在期待获得奖赏的时候，大脑中的这一区域会被激活。当体内的血清素水平降低时，人们的恶意行为会增加，乃是因为此时伤害行为变得更令人愉悦。[2]

在第一章中，我提到了一项拍卖研究，研究似乎表明恶意只是某些人会有的一种倾向，其他人则完全没有这种倾向。然而，克罗基特的研究则表明，我们的恶意倾向，可能会受环境影响。在不利的环境中，恶意可能是一个有用的策略。我们所处的世界越残酷，恶意就越能使我们获得相对优势。与这一观点相一致的是，在童年时期经历过恶劣的社会环境，并由此认为这个世界残酷无情的那些男人，更有可能恶意行事。[3]

就恶意倾向而言，血清素并不是影响它的唯一神经化学因素。对于男性来说，恶意的倾向也受睾酮水平的影响。睾酮水平较高的男性，在最后通牒博弈中更有可能拒绝接

---

1 Crockett, M. J., Apergis-Schoute, A., Herrmann, B., *et al.* (2013) 'Serotonin modulates striatal responses to fairness and retaliation in humans', *Journal of Neuroscience*, 33 (8), 3505–3513.

2 克罗基特和同事们还注意到，在人类和灵长类动物中，血清素水平的降低，都与不受控制的攻击性增加相关。在灵长类动物中，这种攻击性往往会导致个体严重受伤甚至死亡。这种攻击性也可能助长恶意行为。

3 McCullough, M. E., Pedersen, E. J., Schroder, J. M., *et al.* (2013) 'Harsh childhood environmental characteristics predict exploitation and retal- iation in humans', *Proceedings of the Royal Society B: Biological Sciences*, 280 (1750), 20122104. 'Red in tooth and claw' comes courtesy of Tennyson: https://en.wikipedia.org/wiki/In_Memoriam_A.H.H.

受不公平提议。[1] 这可能是因为，较高的睾酮水平与较高的愤怒程度有关。[2] 然而，这也可能与睾酮在支配行为中的作用有关。当男性的睾酮水平升高时，他们会更加关注社会地位。研究人员发现，当男性被试者体内的睾酮水平提升（应用睾酮制剂）之后，他们会更加关注奢侈品如卡尔文·克莱恩（calvin klein）品牌产品，而不是较便宜的产品如李维斯（Levi's）牛仔裤。[3] 这可能使他们对与社会地位有关的问题更加敏感。在最后通牒博弈中，睾酮水平较高的男性更可能将低份额提议视为对其社会地位的威胁。因此，他们可能恶意行事，通过拒绝接受提议来惩罚提议者，甚至不惜为此付出代价。对他们来说，最后通牒博弈不是关于社会交易或交换的，而是关于社会地位竞争的。

*

支配性恶意可以帮助你脱颖而出，希腊经济学家卢卡斯·巴拉福塔斯（Loukas Balafoutas）及其同事发现了这一点。[4] 他们招募了一些被试者，让他们在3分钟时间内尽可能多地解出

1 Burnham, T. C. (2007) 'High-testosterone men reject low Ultimatum Game offers', *Proceedings of the Royal Society B: Biological Sciences*, 274 (1623), 2327–2330.

2 Batrinos, M. L. (2012) 'Testosterone and aggressive behavior in man', *International Journal of Endocrinology and Metabolism*, 10 (3), 563–568.

3 Nave, G., Nadler, A., Dubois, D., *et al.* (2018) 'Single-dose testosterone administration increases men's preference for status goods', *Nature Communications*, 9 (1), 1–8.

4 Balafoutas, L., Kerschbamer, R. and Sutter, M. (2012) 'Distributional preferences and competitive behavior', *Journal of Economic Behavior & Organization*, 83 (1), 125–135.

算术题，每一道题都是将5个不同的两位数 (如10、76、45、23和88) 相加，6名被试者组成一个小组。在第一阶段中，研究人员告诉被试者，小组成员之间不存在竞争关系，他们只需尽自己所能多解题。在第二阶段中，他们被告知每个小组中的前两名 (答对题数最多的两名被试者) 将获得奖励。

研究发现，在第一阶段，也就是在非竞争情境中，有恶意的人和无恶意的人表现得一样好。但在第二阶段即小组成员之间存在竞争关系的情况下，恶意的人表现更好，他们答对题目的数量明显增多。在竞争情境中，恶意者和无恶意者的表现 (答对题目的数量) 都有所提升，但恶意者的表现提升更多。事实上，恶意者的表现提升幅度是无恶意者的2倍。在竞争情境中，恶意者的表现提升了30%，而无恶意者的表现只提升了15%左右。恶意也造就了赢家，恶意的被试者中，多达70%的人获得了奖励 (在小组中成为第一名或第二名)。相比之下，无恶意的被试者中只有不到一半的人获得了奖励。

然而，巴拉福塔斯和他的同事们也发现了一些矛盾之处。如果被试者可以选择是否参与和其他几名小组成员的竞争，恶意的被试者中更少的人参与竞争。相比于无恶意的被试者，恶意的被试者更善于竞争，但他们不太愿意参与竞争。这种矛盾的原因似乎与研究者对恶意的人的定义有关，在这项研究中，恶意的人被定义为讨厌落后但喜欢领先的人（他们甚至愿意自己损害自身利益，如果这意味着别人损失更多的话）。他们想要超过别人的意愿非常强烈（不是每个人都有这种意愿），有助于他们在竞争中脱颖而出。然而，由于害怕落后，他们不愿意参与竞争。

我们现在已经看到，反支配性恶意和支配性恶意，都可能有直接的好处。接下来，我们开始从"如何"转向"为什么"，恶意的终极因是什么？这就是我们接下来要讨论的问题。

第四章

恶意、演化和惩罚

我们对不公平行事者进行高代价惩罚，目的是什么？我们这样做是为了威慑他们，让他们在未来表现得更好吗？

在最后通牒博弈中，就是否接受一个提议而言，不同的人有不同的决策。但这种差异在多大程度上可被归因于人与人之间的遗传差异？有关恶意行为的遗传基础研究仍处于起步阶段，但我们知道，恶意倾向是受遗传因素影响的。研究人员招募了一些同卵双胞胎，让他们作为回应者参与最后通牒博弈实验。研究人员发现，他们对提议的反应或决策差异有42%可以归因于基因。[1] 在一定程度上，恶意行为与遗传因素有关。

研究人员认为，基因对恶意的影响或许与背外侧前额叶皮层有关。[2] 如上一章所述，背外侧前额叶皮层是与成本收益分析相关的脑区，它的活动在一定程度上决定了回应者在最后通牒博弈中是否拒绝接受不公平提议。这一脑区的功能也受基因影响。[3] 此外，研究人员发现，影响大脑中多巴胺水平的某些基因也与我们在最后通牒博弈中的决策有关，因为多巴胺可以影响我们对低份额提议的情绪反应。[4] 这方面的研究增加了我们对恶意如何产生的认识。接

1 Wallace, B., Cesarini, D., Lichtenstein, P., *et al.* (2007) 'Heritability of Ultimatum Game responder behavior', *Proceedings of the National Academy of Sciences*, 104 (40), 15631–15634.

2 Ibid.

3 Ibid.

4 Zhong, S., Israel, S., Shalev, I., *et al.* (2010) 'Dopamine D4 receptor gene associated with fairness preference in Ultimatum Game', *PLoS One*, 5 (11); Reuter, M., Felten, A., Penz, S., *et al.* (2013) 'The influence of dopaminergic gene variants on decision making in the Ultimatum Game', *Frontiers in Human Neuroscience*, 7, 242.

下来，让我们谈谈恶意的终极因，也就是人类为什么会进化出这类基因。

在上文中，我们提到了四种基本的社会行为：合作、自私、利他，以及害他（或恶意）。合作和自私为何受自然选择青睐？原因显而易见，它们直接增强了我们的适合度。但是利他和恶意呢？这两种行为，似乎都可能造成个体的适合度下降。因此，利他基因和恶意基因，应该不太可能传给下一代。那么，利他和恶意为什么仍然存在呢？

关于利他行为为什么会存在，最早提出相关解释的是20世纪最杰出的进化生物学家之一威廉·汉密尔顿（William Hamilton）。理查德·道金斯认为，汉密尔顿是"自达尔文以来最杰出的达尔文主义者"。[1]

汉密尔顿提出，我们不应只关注行为如何影响个体的适合度。正如道金斯后来所说的，我们只不过是载体，是生存机器，是"基因"为了延续自己的生存而创造的。汉密尔顿认为，我们应该评估的是个体行为如何影响基因的适合度，而不是个体行为如何影响自身的适合度。我们体内的任何基因，在与我们有亲缘关系的个体体内都可能有它自己的备份。我们必须评估自身的行为对基因的整体影

1　Dawkins, R. (2003) *A devil's chaplain: Selected writings.* London: Weidenfeld & Nicolson.

响，无论它们是在我们体内，还是在与我们有亲缘关系的个体体内。我们需要一种概括的解释。

大自然就像一个精明的投资者，我们的基因有许多备份，同一种基因通过复制存在于许多不同的个体之内。你的基因一半来自父亲，一半来自母亲，你与父母的基因相似度是50%。如果你有子女或兄弟姐妹，你与他们的基因相似度也是50%，你与侄子/侄女或外甥/外甥女的基因相似度是25%，你与第一代堂表亲的基因相似度是12.5%。因此，从基因的层面来看，你的亲缘利他行为(即为亲属提供帮助或做出牺牲的行为)即使对你个人造成了伤害，也有可能对你的基因有益。由于这种解释是概括的，考虑到一个基因可能存在于许多其他个体体内，它被称为广义适合度(inclusive fitness)。

按照广义适合度计算，生物学家J.B.S.霍尔丹(J.B.S. Haldane)打趣说，他可以为两个亲兄弟或者八个堂表兄弟而牺牲自己的生命。在现实生活中，这种计算就不那么有趣了。想想看：同卵双胞胎更有可能为彼此做出牺牲，还是更有可能为自己的孩子做出牺牲？凭直觉，我们可能会认为，当然是他们的孩子——毕竟，谁会不把自己的孩子放在第一位呢？从广义适合度来看，则不是这样的。同卵双胞胎之间的基因相似度为100%，但同卵双胞胎与孩子的基因相似度为50%。那么，实际上哪个重要？是对孩子的爱，还是基因相似度？在2017年，关于同卵双胞胎一项研究表明，相比于为自己的孩子做出牺牲，同卵双胞胎更愿意为彼此做出牺牲。[1] 这似乎是因为，同卵双胞胎能够强烈认同彼此，也就是认同融合 (identity fusion)。在本书第七章，我们还会提到认同融合，那种认同融合将变得更加黑暗。

广义适合度的概念给利他行为提供了一个合理的解释，也给恶意行为提供了一个合理的解释。亲缘利他行为是指，具有亲缘关系的人之间的利他行为，虽然行为者需要付出个人成本，但是相比于有亲缘关系的个体所获得的好处，这种成本就不算什么了。同样，恶意就是，我们付出个人成本去伤害另一个人，但我们的亲属会因此而获益。在我们看来，亲属获得的利益比我们付出的成本更重要。这被称为"威尔逊式恶意" (Wilsonian spite)。

我们也可以这样来理解恶意行为，在与远亲缘或非亲缘个体的竞争中，恶意行为是一种对竞争对手的伤害比对自己的伤害更大的行为。如果恶意行为使我失去了一条手臂，但却使一个与我竞争性伴侣的非亲缘个体失去了脑袋，那么我就获益了。这被称为"汉密尔顿式恶意" (Hamiltonian

---

1 Vázquez, A., Gómez, Á., Ordoñana, J. R., *et al.* (2017) 'Sharing genes fosters identity fusion and altruism', *Self and Identity*, 16 (6), 684–702.

spite)。[1] 这里的恶意是指，行为者的恶意代价主要是由与自己的亲缘度低于平均水平的那些个体来承担的，他们承担的代价超过了行为者自己承担的代价。由于恶意是给与自己亲缘关系远的竞争者带来损失，而利他则是给与自己亲缘关系近的个体带来好处，恶意被称为利他的"阴暗亲戚"(shady relative) 和"丑陋妹妹"(ugly sister)。[2]

"汉密尔顿式恶意"的演化，需要满足三个条件。首先，这种恶意行为必须是针对与自己亲缘关系远的竞争者的。用生物学的语言来说，这种恶意所伤害的，必须是与自己"负相关"的个体。在一个地区群体内，与你在亲缘关系上的接近程度低于平均水平的个体，就是与你"负相关"的个体。针对与自己"负相关"的个体的恶意行为，是对自己的基因有益的，因为它将减少基因库中竞争基因的遗传概率。

恶意、伤害与自己亲缘关系远的竞争者，你需要弄清楚他们是谁，这就是所谓的"亲缘辨别"(kin discrimination)。它是汉密尔顿式恶意演化的第二个条件，而且不是一件简单的

---

1 不过，总的来说，"威尔逊式恶意"关注的是恶意对你的亲属的好处，"汉密尔顿式恶意"则是关注，恶意对你的非亲属的伤害，这两种观点最终是看待同一枚硬币的两种方式; Lehmann, L., Bargum, K. and Reuter, M. (2006) 'An evolutionary analysis of the relationship between spite and altruism', Journal of Evolutionary Biology, 19 (5), 1507–1516.

2 Smead, R. and Forber, P. (2013) 'The evolutionary dynamics of spite in finite populations', *Evolution: International Journal of Organic Evolution*, 67 (3), 698–707; Gardner and West (2004).

事情。我们将在下面的示例中简要讨论这个问题。

汉密尔顿认为，恶意行为带来的好处很小。这也是恶意行为在生物学界长期不受重视的原因之一。因此，汉密尔顿式恶意演化的第三个条件是，恶意行为主体的自身适合度的降低，也就是恶意行为者付出的代价应该很少或者没有。否则，从演化的角度来说，这种恶意行为者就会被淘汰了，也可以说是灭绝。

第三个条件给了我们一个线索，即从哪里开始寻找自然界中的恶意行为。有些动物作为恶意行为主体，不会损害自身的适合度或繁殖成功率。不育的昆虫就是一个例子。一个不育的个体无论做什么，其自身的繁殖成功率都不可能受损。在自然界中，汉密尔顿式恶意的最好例子是，入侵红火蚁 (Solenopsis invicta) 中的不育工蚁。[1] 入侵红火蚁有一个名为 "Gp-9" 的基因，这个基因有不同的变体。携带一种 Gp-9 基因变体的工蚁，可以从气味来辨别蚁后是否也携带这种基因变体。如果蚁后没有携带同样的基因变体，它就会遭到工蚁的攻击，并在15分钟内死去。但是攻击蚁后的工蚁也必须小心，如果它们沾上了蚁后的气味，就会遭到其他工蚁的攻击。这个 Gp-9 基因就是一个 "绿胡须基因"

1 Keller, L. and Ross, K. G. (1998) 'Selfish genes: A green beard in the red fire ant', *Nature*, 394 (6693), 573–575.

的例子。绿胡须基因是道金斯提出的一个概念。在他假设的情境中，利他基因的携带者都长有绿胡须，这使得它们能够相互识别。

入侵红火蚁这个例子，符合汉密尔顿关于恶意行为演化的三个条件。在一个红火蚁的蚁巢中，被工蚁杀死的蚁后是与工蚁在亲缘关系上接近程度低于平均水平的（负相关）。气味辨别是一种简单而明显的方法，通过气味，红火蚁可以识别出其他成员是否也携带同样的Gp-9基因变体（亲缘辨别）。杀死蚁后的工蚁，它的个体适合度（直接繁殖成功率）并没有损失，因为工蚁是不育的。[1]

不育的黄蜂也有恶意行为。[2] 多胚生殖的寄生性黄蜂（polyembryonic parasitoid wasps）的雌蜂将卵产在毛虫的虫卵之中，其结果是成长中的毛虫被黄蜂幼虫从虫卵中吃掉。正如"多胚生殖"一词所示，这种黄蜂的一个卵可以产生多个胚胎。由一个卵发育成的黄蜂幼虫，其基因完全相同。虽然大多数黄蜂幼虫会成长为正常的黄蜂，但也有一些变成了"士兵幼虫"（soldier morphs）。你认为黄蜂不可能变得更恶毒了。然

---

1 你可能会想到的问题是，为什么B型基因变体没有被完全摧毁，只留下A型基因变体在种群中。答案是，如果你有一个特别强大的A型基因变体，你会早死。这种反向压力存在的概率很小，这或许可以解释为什么绿胡须基因是相当罕见的。随着时间的推移，大多数这样的基因只有一个单一变体，存在于一个物种的所有个体中。

2 West, S. A. and Gardner, A. (2010) 'Altruism, spite and greenbeards', *Science*, 327 (5971), 1341–1344; Gardner, A., Hardy, I. C. W., Taylor, P. D., *et al.* (2007) 'Spiteful soldiers and sex ratio conflict in polyembryonic parasitoid wasps', *American Naturalist*, 169 (4), 519–533.

而，只有不育的黄蜂幼虫才能变成士兵幼虫。士兵幼虫会猎杀与自己亲缘关系远的其他黄蜂幼虫，也就是寄生在同一个宿主中的从其他蜂卵中发育成的黄蜂幼虫。士兵幼虫的猎杀行为使来自同一个蜂卵的其他幼虫受益，它们与士兵幼虫有完全相同的基因。由于与它们亲缘关系远的黄蜂幼虫被杀死，它们的竞争对手减少了。

即使是小小的细菌也可能有恶意性。[1] 一些细菌会通过产生大量的细菌素（由细菌产生的蛋白质毒素）来伤害其他细菌，但这样做的代价很高——它们会死掉。然而，如果一种细菌携带的某种基因使其能够制造这些毒素，它也更有可能携带使其对这些毒素不敏感的基因。因此，当这些细菌死亡并释放出其生产的毒素时，对毒素敏感的其他细菌（与毒素生产菌的基因相似度低的细菌菌株）首先会被杀死。如何利用细菌的恶意性使其生产毒素来杀死其他细菌，是研究人员感兴趣的课题。增强细菌的恶意性，可能会降低某些细菌的致病性。[2] 如果我们能够增强各种细菌的恶意性，就能让它们相互伤害，在它们之间制造一场内战，我们将是这场内战的赢家。

———

1 Gardner, A. and West, S. A. (2006) 'Spite', *Current Biology*, 16 (17), R662–4.

2 Bhattacharya, A., Toro Díaz, V. C., Morran, L. T., *et al.* (2019) 'Evolution of increased virulence is associated with decreased spite in the insect- pathogenic bacterium *Xenorhabdus nematophila*', *Biology Letters*, 15 (8), 20190432.

这种恶意根据汉密尔顿的解释（伤害与自己亲缘关系远的竞争者）或威尔逊的解释（使与自己亲缘关系近的个体获益），都可以被称为"基因视角的恶意"（genetic spite）。[1] 这种恶意行为者自身会遭受损失，但是与它们亲缘关系近的个体会受益，从整体上说，这种恶意行为对它们的基因有益。关于这种恶意行为，虽然我在这里给出了一些例子，但事实证明，这在自然界中是非常罕见的。[2]

由于这种恶意非常罕见，汉密尔顿提出，我们应采用较弱的恶意定义来研究自然界中的恶意。"弱的恶意"是指，在伤害其他个体时，行为者并不需要付出代价，只要不从这种行为中获益即可。[3]这在自然界中比较常见，例如，海鸥会破坏竞争对手的蛋或杀死竞争对手的雏鸟，但自己并不会从这种行为中获益。[4]

另一种较弱的恶意定义是，行为者在伤害他人时也会伤害自己，但从长远来看，行为者个人会获益。这被称为"带来好处的恶意"（return-benefit spite）、"延迟获益的恶意"（delayed

1 Hauser, M., McAuliffe, K. and Blake, P. R. (2009) 'Evolving the ingredients for reciprocity and spite', *Philosophical Transactions of the Royal Society B: Biological Sciences*, 364 (1533), 3255–3266.

2 Jensen, K. (2010) 'Punishment and spite, the dark side of cooperation', *Philosophical Transactions of the Royal Society B: Biological Sciences*, 365 (1553), 2635–2650.

3 Gadagkar (1993).

4 Ibid. Also see Jensen (2010).

benefit spite) 或"实用的恶意"(functional spite)。[1] 严格来说,这种行为是利己的。然而,这种直接的恶意行为的原因是什么仍需得到解释。在动物世界,我们很容易找到这种恶意行为的例子。

埃林·布里尔顿 (Alyn Brereton) 是一位灵长类动物学家。在攻读博士学位期间,他研究了短尾猴社会中的恶意行为。布里尔顿发现,在短尾猴的社会中,低等级雄猴会打搅高等级雄猴的交配活动。打搅者并不会从这种行为中获得直接的好处,因为打搅者从来不会在性打搅之后尝试与那个雌猴交配。事实上,打搅者可能会为此付出代价。在交配时受到打搅的雄猴当中,大约有3%的雄猴会攻击打搅者。被性打搅的雄猴也会蒙受损失,由于受到打搅而中断交配,雌猴成功受孕的概率会降低。对于打搅者来说,这种性打搅行为从长远来讲是有好处的。随后短尾猴选择了另一种交配策略,这增加了其繁殖成功的机会。布里尔顿认为,这种性打搅行为可以被称为"带来好处的恶意"。[2]

在人类社会中,恶意行为如何演化?就这个问题而言,研究人员所关注的往往不是广义适合度。也就是说,

---

1 Brereton (1994); Trivers, R. (1985) *Social evolution*. Menlo Park, CA: Benjamin-Cummings; Jensen (2010).

2 Brereton (1994).

恶意行为如何使亲属获益，或者如何伤害竞争对手，都不是研究人员所关注的。相反，他们关注的是，从长远来看，恶意行为如何使恶意行为者个人获益。这种恶意行为，对于恶意行为者来说，在当时是有代价的，但从长远来看，可能使恶意行为者获益，或者说给恶意行为者带来好处，这可以被称为"心理学上的恶意"(psychological spite)。[1]

鲁弗斯·约翰斯顿(Rufus Johnstone)和雷多安·布沙里(Redouan Bshary)提出了一个"心理学上的恶意"的演化模型，解释如下。[2] 想象一下，你可以通过攻击或击败你的一个对手来获得适合度收益，但是在攻击对手的时候，你可能会付出代价。如果你想知道你在攻击某人时可能付出的代价，就要注意观察，留意其他人是如何互动的。这样的话，你就能尽量避免攻击那些好斗之人。约翰斯顿和布沙里发现，这可能导致"偶尔的恶意"(occasional spite)。人们有时会冒着被打败的风险，去攻击与自己势均力敌的对手，因为这会使他们赢得声誉，让旁人知道，他们是不好惹的，这就是所谓的"消极间接互惠"(negative indirect reciprocity)。其他人不会伤害你，因为他们见过你伤害别人的情景，知道你是个不好惹的

1   Hauser *et al.* (2009).

2   Johnstone, R. A. and Bshary, R. (2004) 'Evolution of spite through indirect reciprocity', *Proceedings of the Royal Society B: Biological Sciences*, 271 (1551), 1917–1922.

人。这与我们之前讨论的恶意行为的声誉收益有关。

帕特里克·福伯 (Patrick Forber) 和罗里·斯马德 (Rory Smead) 选择了另一种方法。他们构建了一个计算机模拟程序（又称为计算机仿真程序，是指用来模拟特定系统的抽象模型的计算机程序），来探索参与者在最后通牒博弈中采用不同的策略会有什么结果。[1] 在他们设计的最后通牒博弈实验中，每个虚拟的参与者可以采用四种策略中的一种。第一种策略是，作为回应者，参与者会接受任何提议，作为提议者，参与者会给出不公平的提议（将50%以上的份额留给自己），我们称之为"经济人策略组"(homo economicus group)。第二种策略是，作为回应者，参与者会拒绝接受不公平的提议，作为提议者，参与者会给出不公平的提议，我们称之为"支配性恶意策略组"(dominant spite group)。第三种策略是，作为回应者，参与者会接受任何提议，作为提议者，参与者会给出公平的提议 (50:50)，我们称之为"搭便车策略组"(free-riding group)，因为他们自己不准备实施高代价惩罚，而是将这个付出代价实施惩罚的任务留给别人。第四种策略是，作为回应者，参与者会拒绝接受不公平的提议，作为提议者，参与者会给出公平的提议，我们称之为"反支配性恶意策略组"(counter-dominant spite group)。

1 Forber, P. and Smead, R. (2014) 'The evolution of fairness through spite', *Proceedings of the Royal Society B: Biological Sciences*, 281 (1780), 20132439.

　　如果每个参与者都开始使用"经济人策略"，那么，改变策略（改为使用其他三种策略之一）的任何参与者都不会成功。因为如果你尝试改变策略，你的结果会比采用经济人策略时更糟。每个采用经济人策略的参与者，都是演化稳定的。运行这个模拟程序时，斯马德和福伯发现，每个参与者都采用经济人策略的概率为70%。然而，当他们调整了博弈的假设条件后，情况发生了变化。

　　他们引入了所谓的"负配"（negative assortment）工具。这意味着，采用某种策略的参与者，并不是有同等可能与其他参与者进行博弈。相反，他们更有可能与不采用相同策略的参与者进行博弈。在负配的情况下，运行这个模拟程序，斯马德和福伯发现，他们有可能得到一个由两种类型的参与者（支配性恶意策略和搭便车策略）组成的稳定群体。

　　有趣的是公平提议在这种情况下所占比例的变化。如果没有引入负配，采用恶意策略的参与者将会在演化过程中消失，在剩下的参与者给出的所有提议中，公平提议所占比例为29%。然而，在负配的情况下，存在采用支配性恶意策略的参与者，公平提议的数量也会增加。根据负配的极端程度，公平提议所占比例可以高达60%。引入了负配，存在采用恶意策略的参与者，总体而言，这个群体也会更多地做出公平行为。

斯马德和福伯的模型(应该强调的是，这只是一个模型)表明，恶意策略不仅可以演化，而且当它演化时，还会增加社会中公平行为的数量。在最后通牒博弈中，公平提议数量增加的原因是，如果你给出公平提议，采用恶意策略的参与者就无法获得相对于你的优势。如果你从10美元中拿出5美元分给回应者，回应者并不能通过拒绝接受你的提议来获得相对于你的优势；如果回应者拒绝接受你的提议，你和回应者都会损失5美元。因此，公平是抵御恶意的有效手段。

斯马德和福伯的研究也会影响我们对惩罚的看法。[1]惩罚可以被理解为，处罚那些违反行为规范的人，旨在让他们在未来表现得更好。采用反支配性恶意策略的参与者，可以被看作是在这样做。然而，采用支配性恶意策略的参与者，其动机则未必是惩罚不公平行为。他们只是想付出代价伤害对方，并且要使对方的损失大于己方的损失。斯马德和福伯认为，当由两种类型的参与者(支配性恶意策略和搭便车策略)组成的群体达到一个稳定状态时，这种状态并不是通过惩罚的威胁来维持的，而是通过负向选择来维持的。这是因为采用支配性恶意策略的参与者最有可能做的是，伤害不采用相同策略的参与者，并通过这种方式获得

1　同151页注释1。

相对优势。

恶意是否在公平的发展中起到了作用，在讨论这一问题时，斯马德和福伯引用了德国哲学家弗里德里希·尼采的观点。尼采在《道德的谱系》（On the Genealogy of Morals）一书中指出，某事或某物涌现的原因与它现在被用来做什么，可以是几乎没有关系的。尼采认为，惩罚在如今是什么与它最初为什么出现没有任何关系。沿着同样的思路，斯马德和福伯提出，惩罚行为，或者我们现在所说的惩罚行为最初可能是一种恶意行为，人们为了获得相对优势而伤害他人。直到很久以后，我们才拥有一种维护公平和正义的机制。我们将在本章最后一部分再讨论。

斯马德和福伯的模型有一个局限，它把情况简化了，使人们要么总是恶意行事，要么从不恶意行事。当然，模型是需要进行简化处理的。正如阿根廷作家豪尔赫·路易斯·博尔赫斯（Jorge Luis Borges）曾指出的那样，最精确的地图是与绘制区域的实际大小一样的地图。[1] 回想一下，在你的生活中，你是否有时会产生恶意行为或表现出恶意，有时不会？

关于恶意行为的这种可变性，中国电子科技大学的陈

---

[1]　这让我想起《黑爵士》（Blackadder）中的一个经典场景：https://www.youtube.com/watch?v=yZT-wVnFn60

小杰 (Xiaojie Chen) 在2014年发表了一篇研究论文，他在计算机模拟研究中就考虑到了这一问题。[1] 陈和同事构建了一个模型，来研究人们进行高代价惩罚产生的效应。他们的研究是基于公共品博弈的，在这个博弈中，每个参与者首先选择是否给一个公共账户投资，无论是否投资，他们都会获得收益。然后，参与者可以选择付出代价去惩罚没有给公共账户投资的参与者。给公共账户投资的参与者被称为合作者，没有投资的参与者被称为背叛者，自己付钱去惩罚背叛者(让背叛者损失一笔钱)的合作者，被称为惩罚者。

陈和同事发现，如果没有一个合作者惩罚背叛者，那么合作者只能勉强存在。但要做到这一点，他们必须结成"合作簇"。相反，如果所有合作者都选择惩罚背叛者，那么合作者就会灭绝，因为惩罚的代价对他们来说太高了。值得注意的是，如果合作者只偶尔惩罚背叛者，选择惩罚策略的概率为50%。结果会怎样？在这种情况下，背叛者会灭绝。这似乎很奇怪，如果合作者选择惩罚策略的概率为50%，那就意味着将两个失败的策略结合。如果你从不选择惩罚策略，就会失败；如果你总是选择惩罚策略，你肯定会失败。然而，如果你交替采用这两个失败的策略，你就会获

1 Chen, X., Szolnoki, A. and Perc, M. (2014) 'Probabilistic sharing solves the problem of costly punishment', *New Journal of Physics*, 16 (8), 083016.

胜。这是帕隆多悖论 (Parrondo's paradox) 的一个例子：将两个失败的策略组合起来，有时可以产生一个获胜的策略。

那么问题就变成了：在现实世界中，为什么我们有时会选择进行高代价惩罚，有时则不会？陈和他的同事认为，答案在于我们的情绪。愤怒情绪是不可预知的，我们有时会突然发怒，有时则不会。这种不可预知性，可能是一种优点，而不是缺点。

*

我们对不公平行事者进行高代价惩罚，目的是什么？我们这样做是为了威慑他们，让他们在未来表现得更好吗？或者，我们这样做是为了报复，降低他人的地位和竞争力，意味着惩罚具有"竞争目的"(competitive function)？[1] 尼古拉·雷哈尼 (Nichola Raihani) 和雷多安·布沙里 (Redouan Bshary) 在2019年发表了一篇有趣的论文，他们认为很多惩罚并不是以增进合作为目的的，相反，人们实施惩罚主要是为了报复。

雷哈尼和布沙里指出，就惩罚是促进合作的一种手段这一观点而言，存在一系列问题。首先，人们会惩罚那些乐于合作的人，如我们之前所说的"行善者贬损"。这种惩罚会减少合作，而不是增加合作。然而，这并不是一个强

1　Raihani and Bshary (2019).

有力的论点。以除颤器为例，它可被用来击打人的头部，但这并不意味着，除颤器被设计出来就只有这一种用途。

然而，另一个问题是，如果惩罚是为了促进合作，我们应该只惩罚不公平行事者。我们的惩罚决定不应受其他因素的影响，如对方的不公平行为是否使其获得了相对优势。然而，雷哈尼和麦考利夫 (McAuliffe) 的研究表明，情况并非如此。[1] 他们的研究涉及"两人博弈"，其中一个参与者 (小偷) 可以从另一个参与者 (受害方) 那里偷钱。受害方总是遭受同样的损失，也就是说，每个小偷从受害方那里偷得的钱数都是一样的。然而，相对结果有所不同。偷钱之后，有的小偷比受害方更有钱了，有的小偷还不如受害方有钱，有的小偷则拥有了与受害方一样多的钱。研究发现，在这种博弈中，受害方是否惩罚小偷在很大程度上取决于小偷最终是否获得了更多的钱。如果一方通过违反规则而超过了另一方，另一方就会实施惩罚。他们实施惩罚并不是因为对方违反了道德准则，也不是以增进合作为目的的，而是为了伤害对方，因为对方通过不公平行为获得了相对优势。

关于惩罚的作用，有些研究表明惩罚可以促进合作，但这种说法还没有确切的证据。尽管有研究发现，惩罚

---

1 Raihani and McAuliffe (2012).

与更高的合作水平相关，[1] 但并不能证明惩罚导致了合作水平的提高。人们之所以改变自己的行为，可能是因为他们意识到对方愿意合作，或者因为合作是其所在群体的行为规范。[2] 更重要的是，此类研究往往不能反映现实世界，因为研究人员没有考虑行善者贬损或报复的可能性。在他们的博弈实验中，参与者往往只与他人进行一次性的互动。然而，在生活中，人们的互动很少是只发生一次的。[3]

当经济学博弈实验和计算机模拟程序更接近真实世界时，我们发现惩罚其实并不一定会促进合作。在计算机模拟程序中，如果参与者可以选择行善者贬损，惩罚就不会导致合作的增加。[4] 在重复博弈中，如果参与者实施高代价惩罚，就会提高合作水平，但参与者的收益不会增加。事实上，收益最高的参与者是最少进行高代价惩罚的。由此，研究人员得出结论：赢家都不会使用惩罚。他们认为，促进合作可能不是高代价惩罚的演化原因。相反，他们提出：恶意行为演化成一种"强迫个体屈服并建立支配等级"的

1 Balliet *et al.* (2011).

2 Raihani and Bshary (2019).

3 Dreber *et al.* (2008).

4 Rand, D. G. and Nowak, M. A. (2011) 'The evolution of antisocial punishment in optional public goods games', *Nature Communications*, 2 (1), 1–7.

方式。[1]

在经济学博弈实验中，从参与者的惩罚时机选择来看，我们发现惩罚的目的往往是支配，而不是改造（对方）。你可以想象一下，假设自己在和某人进行一场多轮博弈。如果你想通过惩罚来使他们对你更公平，在最后一轮你对他们进行惩罚就毫无意义。因为在这最后一轮的惩罚后，你与他们的博弈就结束了，再也不会与他们打交道了。然而，在多轮博弈中，参与者往往是在最后一轮博弈中实施惩罚。这看起来更像是，参与者利用最后的机会去伤害对方，而不是想要通过实施惩罚来使对方改变行为。这样的惩罚，就像是夫妻在离婚（也就是婚姻的最后一轮）过程中的泄愤。这种行为与以伤害和竞争为目的的惩罚相符，而不是在试图威慑不公平行事者。

此外，在某些情况下，即使不可能通过惩罚来威慑欺骗者（使其改变行为），人们也会实施惩罚。惩罚的目的可能是报复，也可能是威慑。为了弄清惩罚的目的，克罗基特（Crockett）和同事进行了一项研究。[2] 他们发现，被试者付出代价惩罚欺骗者的概率为15%，即使欺骗者不知道自己受到了惩罚。

1 Dreber *et al.* (2008).

2 Crockett, M. J., Özdemir, Y. and Fehr, E. (2014) 'The value of vengeance and the demand for deterrence', *Journal of Experimental Psychology: General*, 143 (6), 2279-2286.

在这种情况下，被试者实施惩罚是为了伤害对方，而不是为了威慑或教训对方。如果研究人员告诉被试者，欺骗者会知道自己受到了惩罚，在这种情况下，被试者付出代价惩罚欺骗者的概率为20%。关于这个概率的小幅上升，一种解释是，惩罚者试图威慑欺骗者并阻止对方的不公平行为。如果是这样，那就意味着大部分惩罚是为了报复，但也有一些是为了威慑。然而，关于这个惩罚概率5%的上升，另一种解释是，惩罚者除了让对方遭受金钱上的损失，还试图给对方造成情感伤害(因为对方会知道自己惹恼了惩罚者)。因此，这一小部分惩罚看似是为了威慑，但实际上可能是为了加大报复力度。

在报复对方的时候，惩罚者甚至不知道自己的行为是出于报复的。在一项研究中，克罗基特和同事证实了这一点。研究人员可以估量出被试者的惩罚行为有多少是出于威慑目的的。而威慑旨在给对方一个教训，让他们知道自己违反了规范，期望他们以后表现得更好。研究人员还可以估量出被试者的惩罚行为有多少是出于报复目的的(只是为了造成伤害，让对方吃苦头)。[1] 然后，研究人员询问被试者，他们的惩罚行为是否出于威慑目的，被试者的回答与他们的实

1　同159页注释2。

际行为相符。然而，当被问及他们的惩罚行为在多大程度上是出于报复目的时，被试者的回答与他们的实际行为是不相符的。他们是在报复，但却毫不自知。这是有些道理的，因为正如我们之前看到的，人们不喜欢那种睚眦必报的人。因此，当我们出于报复动机而实施惩罚的时候，我们就面临着压力，要找一个体面的借口，把报复动机隐藏起来，甚至是对自己。我们自欺欺人地认为，我们是为了崇高的目的而实施惩罚，但实际上，我们看重的是伤害和地位。

克罗基特和同事的研究结果与斯马德和福伯的观点一致。他们认为，惩罚的演化并不是因为它促进合作，即使没有合作精神的人改变了行为。惩罚行为在最初是人们为了获得相对的地位优势而付出代价去恶意行事（伤害他人或损害他人利益），而合作和公平的增加只是惩罚行为的一个未曾被预料的结果。按照这种观点，我们首先具有了为获得相对地位而恶意的倾向，然后才将这种倾向转化为惩罚。

这种惩罚的竞争目的，我们通常凭直觉就可以猜到。回想一下，在我们之前提到的最后通牒博弈中有一项研究就是这样的：回应者在决定是否接受一个提议时，可以写一个纸条给提议者。有一位回应者，决定拒绝接受提议，并且在纸条上写道：

抱歉，我也是人。当牌都在我手里时，你应该试着安抚我，而不是冒犯我。我们应该对半分，这再简单不过了。既然你认为你明显比我强，你觉得你应该得到更多，那我就让你什么也得不到。接受这个结果吧，我知道我会的。

惩罚的目的是什么，这是很重要的。我们实施惩罚，如果是为了获得地位和让对方吃苦头，而不是为了威慑对方，并让对方改过自新，那么我们就会创造出危险的社会体系，以达到我们所寻求的那个未必正确的目的。[1]

在一个竞争激烈的世界，恶意是作为一种潜在的适应

---

1 Xiao and Houser (2005).

性策略而出现的，目的是让自己在局域竞争中脱颖而出。如果选择恶意策略，我们就会面临强大的社会压力，不得不给狼披上羊皮。当你尝试通过恶意策略来获得相对优势的时候，为了让别人相信你是为了更大的利益或群体利益，最好的方法就是你自己先相信自己的谎言。恶意可能是为了支配他人，这种企图带来了一个意外的好处——更多的公平行为。恶意导致了公平行为的增多，这是一个未曾被预料的结果。

恶意带来的好处不只是公平行为的增多。一般来说，恶意就是伤害他人，然而，恶意也可以是在针对更抽象的敌人。这也可能带来令人惊讶的好处。

第五章

恶意与自由

在如今的世界中，存在性恶意，只是一种对抗理性支配的工具，而不再是一种避免陷入理性潜在雷区的方法。

理性决定我们应该怎样做才能生存和发展。但我们既不必喜欢它，也不必服从它。虽然我们是理性的生物，但可以对理性发怒。我们可以向往理性之外的其他东西，正如拉姆·达斯 (Ram Dass, 原为哈佛大学心理学教授，后来成为很受推崇的心灵导师) 所说，我们要的是自由，而不是正确。

我们的恶意是否只针对他人？或者我们是否敢咒骂启蒙运动，唾弃理性？船长亚哈 (Ahab) 是敢的。"水手们，不要对我不尊敬，"他怒吼："就是太阳得罪了我，我也会出手痛击。"一个准备出手痛击和唾弃逻辑、自然规律和必然性的人，将是一个悲剧性的人物。然而，正如我们将看到的，这种看似荒谬的行为也可能带来好处。我们可以是壮丽的悲剧人物。

面临严峻的全球性问题，哈佛大学心理学家史蒂芬·平克 (Steven Pinker) 认为，这些问题的解决方案在于理性。[1]这与启蒙运动的原则一致，即我们必须用理性来理解我们的世界，克服我们的愚蠢。平克认为，信仰、权威和直觉是"错觉的制造者"，他指出，在做决定时使用理性是"不容置疑的"。

不幸的是，如果你试图告诉人们他们必须做什么，

---

1   Pinker (2018).

可能会适得其反。耶鲁大学心理学家斯坦利·米尔格拉姆 (Stanley Milgram) 主持的一项研究中，研究人员让被试者给另一个房间的参与者 (学习者) 施加越来越强的电击，为的是帮助他们学习。[1] 在所有被试者当中，有65%的人给"学习者"施加了最高强度的电击 (450伏)。[2] 然而，在2009年，一些研究人员重复了米尔格拉姆的部分研究，并发现了一些奇怪的现象。当被试者正在犹豫是否服从命令继续给学习者施加电击时，如果研究人员告诉被试者"你没有选择，你必须继续"，所有人都选择了不服从。[3] 对此的一种解释始于自我决定理论 (self-determination theory)。这种理论认为，自主性的需求是一种基本的心理需求，我们需要感觉自己可以掌控自己的命运，感觉自己可以对行动做出自由的选择。[4]

"自主" (autonomy) 一词源自古希腊，用来描述希腊城邦的自我规范和自我管理，这个词是希腊文"autos" (自我) 和

---

1 https://en.wikipedia.org/wiki/Milgram_experiment

2 要了解这一点，你可以在此处观看魔术师达伦·布朗 (Derren Brown) 再现这个实验：https://www.youtube.com/watch?v=Xxq4QtK3j0Y

3 Burger, J. M., Girgis, Z. M. and Manning, C. C. (2011) 'In their own words: Explaining obedience to authority through an examination of participants' comments', *Social Psychological and Personality Science*, 2 (5), 460–466.

4 Ryan, R. M. and Deci, E. L. (2000) 'Self-determination theory and the facilitation of intrinsic motivation, social development and well-being', *American Psychologist*, 55 (1), 68–78.

"nomos"(法律或规则)的组合。[1] 当自主一词被应用于人，就产生了"自主的个人"(autonomous individual)这一概念，它是启蒙运动的产物。[2] 自主的个人，并非完全不受外部规则约束，而是能够审慎地同意或反对。[3] 他们只服从自己所制定的规则，除此之外，不受任何规范约束。[4] 他们可以根据自己的价值观，用理性和理性思维来引导自己的行为。

个人在多大程度上具有自主性，这是不明确的。自主这个概念看似简单，但背后潜藏着深刻并且悬而未决的问题。[5] 我们的价值观，在多大程度上是真正属于我们自己的？为了自身的利益而约束他人，总是有问题的吗？"自我"可以对自己的行动做出自由的选择，这个观点讲得通吗？将人视为有自主性的并照此来对待他们，这是对待他们最糟糕的方式，如果不算其他方式的话。[6]

---

1 Kühler, M. and Jelinek, N. (eds) (2012) *Autonomy and the self* (vol. 118). Dordrecht: Springer Science+Business Media.

2 MacIntyre, A. (2011) *After virtue: A study in moral theory*. London: Bloomsbury; Schneewind, J. B. (1998) *The invention of autonomy: A history of modern moral philosophy*. Cambridge: Cambridge University Press; Siedentop, L. (2014) *Inventing the individual: The origins of Western liberalism*. Cambridge, MA: Harvard University Press.

3 Ryan, R. M. and Deci, E. L. (2006) 'Self-regulation and the problem of human autonomy: Does psychology need choice, self-determination, and will?', *Journal of Personality*, 74 (6), 1557–1585.

4 Johnson, R. and Cureton, A. (2019) 'Kant's moral philosophy', in E. N. Zalta (ed.), *Stanford Encyclopedia of Philosophy* (Spring 2019 Edition), https://plato.stanford.edu/archives/spr2019/entries/kant-moral/

5 Christman, J. and Anderson, J. (eds) (2005) *Autonomy and the challenges to liberalism: New essays*. Cambridge: Cambridge University Press.

6 向温斯顿·丘吉尔以及他关于民主的经典名言致敬。

我们对自主性的需求，可以用心理抗拒 (reactance) 这一概念来衡量。[1] 心理抗拒是指在自由受到限制时，个人会产生非常强烈的反应。帕特里克·亨利 (Patrick Henry) 曾喊出"不自由，毋宁死"，在心理抗拒方面，他的得分应该很高。[2] 就心理抗拒的强度而言，每个人都不一样，在人生的不同阶段，心理抗拒的强度也不同。正如任何父母都知道的那样，在"可怕的两岁"(terrible twos) 和青春期，孩子的心理抗拒是最明显的。正如任何子女都知道的那样，进入老年期后，父母的心理抗拒也会增强。[3]

但是我们为什么会觉得自主性受到威胁呢？为了回答这个问题，我们可以考虑一下，如果自由意志不存在，会发生什么？我们是否不必再为自己的行为负责？陀思妥耶夫斯基曾有过这样的疑问，如果自由意志不存在，一切都是被允许的吗？2008年，凯瑟琳·沃斯 (Kathleen D. Vohs) 和乔纳森·斯库勒 (Johnathan Schooler) 在一项研究中验证了这个观点。[4]

---

1 Brehm, J. W. (1966) *A theory of psychological reactance*. Oxford: Academic Press.

2 https://en.wikipedia.org/wiki/Give_me_liberty,_or_give_me_death!

3 Miller, C. H., Burgoon, M., Grandpre, J. R., *et al.* (2006) 'Identifying principal risk factors for the initiation of adolescent smoking behaviors: The significance of psychological reactance', *Health Communication*, 19 (3), 241–252.

4 Vohs, K. D. and Schooler, J. W. (2008) 'The value of believing in free will: Encouraging a belief in determinism increases cheating', *Psychological Science*, 19 (1), 49–54.

　　在他们的研究中，被试者被要求阅读《惊人的假说》(The Astonishing Hypothesis)中的某些段落，该书是诺贝尔奖获得者弗朗西斯·克里克 (Francis Crick) 的著作。其中一组被试者阅读了克里克说的一句话，"聪明人现在相信自由意志是一种幻觉"；另一组被试者则阅读了与自由意志无关的一段话。然后，研究人员让被试者参加数学测验，在测验中，被试者有机会作弊。阅读了克里克否认自由意志的论述的那一组被试者，更倾向于在数学测验中作弊。沃斯和斯库勒得出结论，不相信自由意志的人更可能有不良行为。因为没有自由意志，就没有责任，也就不用因此而担忧了。

　　第二年，另一组研究人员也有类似的发现。在一项研究中，美国心理学家罗伊·鲍迈斯特 (Roy Baumeister) 及其同事让一组被试者阅读支持自由意志的论述，让另一组被试者阅读否认自由意志的论述。[1] 他们发现，第二组被试者，也就是自由意志信念受到动摇的那一组被试者，变得不愿意帮助别人，行为更具攻击性。这是令人担忧的，因为越来越多的人认为，自己的生活不是自己所能控制的。[2] 目前尚

1 Baumeister, R. F., Masicampo, E. J. and DeWall, C. N. (2009) 'Pro- social benefits of feeling free: Disbelief in free will increases aggression and reduces helpfulness', *Personality and Social Psychology Bulletin*, 35 (2), 260–268.

2 Twenge, J. M., Zhang, L. and Im, C. (2004) 'It's beyond my control: A cross-temporal meta-analysis of increasing externality in locus of control, 1960–2002', *Personality and Social Psychology Review*, 8 (3), 308–319.

不清楚的是，这会在多大程度上影响我们的社会结构。

无论是否拥有自由意志，我们大多数人都觉得自己拥有自由意志，并小心翼翼地守护着它。当我们感到自由受到威胁时，就会产生心理抗拒，我称之为"勇敢的心效应"(Braveheart Effect)。[1] 它是我们内心涌起的动力，旨在恢复受威胁或被剥夺的自由。我们都记得，在梅尔·吉布森 (Mel Gibson) 主演的电影《勇敢的心》(Braveheart) 中，威廉·华莱士 (William Wallace) 大声喊道："他们也许能夺走我们的生命，但他们永远夺不走我们的自由！"然后，华莱士冲入战场，试图夺回被英格兰人夺走的自由。

勇敢的心效应始于愤怒和敌意的上升。[2] 当我们感到自由受到某个人或某个群体的威胁时，负面想法会进入我们的头脑。当我们感到自己没有选择，被迫去做某事或被逼到某个境地时，我们就会开始讨厌这件事或这个境地。越得不到的东西，我们就越想要得到。然后，我们就会采取行动，试图重新获得失去的自由感。

别人不让我们做什么，我们就偏偏想要做什么。如果法官告诉陪审团，让陪审团忽略他们刚听到的某些不予采

---

1 https:/ / theconversation.com/ the- braveheart- effect- and- how- companies-manipulate-our-desire-for-freedom-102057

2 Brehm (1966).

信的证据，那么陪审团可能会更加重视那些证据。[1] 勇敢的心效应或心理抗拒，还会促使我们去做别人认为我们不会做的事，而当别人预测或认为我们将做什么时，我们就会偏偏反着来。[2] 如果别人告诉你，你只能相信某件事情，没有选择，而碰巧那是你本来就相信的事情，那么这反而会使你变得不那么相信它了。[3]

勇敢的心效应与恶意有着明显的联系。当我们的自由受到威胁时，勇敢的心效应会引发恶意反应。我们会付出代价惩罚剥夺了我们自由的人或事物，以重新获得自由感。我们的自由，可能被一个人剥夺，也可能被一个国家剥夺。我们还可能感到，自然规律和理性限制了我们的自由。我们的恶意，可以是针对抽象存在 (abstract entities) 的。虽然启蒙思想家鼓励我们相信，理性和自由是携手并进的，但在某些情况下，理性与自由也可能势不两立。

*

在极权主义国家，理性可以成为一种解放的工具。在乔治·奥威尔 (George Orwell) 的著作《1984》(Nineteen Eighty-Four) 中，温

1 Lenehan, G. E. and O'Neill, P. (1981) 'Reactance and conflict as determinants of judgment in a mock jury experiment', *Journal of Applied Social Psychology*, 11 (3), 231–239.

2 Hannah, T. E., Hannah, E. R. and Wattie, B. (1975) 'Arousal of psychological reactance as a consequence of predicting an individual's behavior', *Psychological Reports*, 37 (2), 411–420.

3 Worchel, S. and Brehm, J. W. (1970) 'Effect of threats to attitudinal freedom as a function of agreement with the communicator', *Journal of Personality and Social Psychology*, 14 (1), 18–22.

斯顿·史密斯 (Winston Smith) 受到审讯官的折磨：审讯官强迫他说出并相信二加二等于五。正如一位评论家所说："当奥威尔笔下的英雄 (温斯顿·史密斯) 为'二加二等于四'而战时，当他一遍又一遍地重复'二加二等于四'，将它作为生命和自由的秘密时……(它是) 自由的象征，让自己免受无所不能的政党的操纵。"[1]

然而，另一个作家却认为"二二得四"这个铁定事实，是令人压抑的。陀思妥耶夫斯基在他的小说《地下室手记》(Notes from the Underground) 中对此进行了渲染。小说的开头是这样一句话："我是个有病的人……我是个充满恶意的人。"[2] 主角"地下室人"解释道：

二二得四，在我看来，简直是个无赖。二二得四，一副自命不凡的样子，双手叉腰，挡住你的路，向你吐唾沫。我同意，二二得四是个很高明的东西，但如果什么都称赞，那二二得五有时也会是个非常可爱的东西……人是一种轻浮和不协调的生物，也许像棋手一样，只喜欢游戏的过程，

1 https://www.crisismagazine.com/1984/life-freedom-the-symbolism- of-2x2-4-in-dostoevsky-zamyatin-orwell

2 下文中引用的陀思妥耶夫斯基的所有句子或段落，均来自此来源，https://www.gutenberg.org/files/600/600- h/600- h.htm. 或 Dostoevsky, F. (2003) Notes from underground and the Grand Inquisitor (trans. R. E. Matlaw). New York, NY: Penguin, or Dostoevsky, F. (2009) Notes from the underground (trans. C. Garnett , ed. C. Guignon and K. Aho). Indianapolis, IN: Hackett.

而不是游戏的结束。

对于地下室人来说，二二得四这个简单的公式象征着"人的不自由，无法摆脱自然规律"。[1] 人类的行为应该由理性驱动这一观点，让地下室人感到压抑，勇敢的心效应开始显现。他采取行动以恢复他的自由感，通过恶意行事来做到这一点。他的恶意是针对理性本身的：他的肝脏有病，但他拒绝去看医生；他以自己的牙疼为乐；他以自己的堕落为乐。地下室人知道，他无法战胜自然规律，但他也知道自己不需要喜欢它们："假如我真的没有力气用脑袋撞开这堵墙，我就不去撞它，可是我也不会跟它妥协。不会仅仅因为它是一堵石墙而我没有力气去撞开它，我就跟它妥协。"

在陀思妥耶夫斯基的小说中，地下室人提出了一种人性观，人并不总是受理性的自利所驱使，而是更喜欢按照自己的意愿行事。正如他所说："是什么让他们认为，人一定想要一个理性的、对自己有利的选择？人想要的，只是独立的选择，不管这种独立的代价是什么，也不管这种独立的结果是什么。而选择，当然，只有魔鬼才知道是什么

---

1   https://www.crisismagazine.com/1984/life-freedom-the-symbolism- of-2x2-4-in-dostoevsky-zamyatin-orwell

选择。"

陀思妥耶夫斯基的《地下室手记》成书于1864年，书中的思想源于俄国当时的动荡局势。[1] 在1861年初，农奴占俄国总人口的1/3。他们是没有自由的农民，被束缚在地主的土地上。1861年2月，沙皇亚历山大二世签署废除农奴制的法令，使得2200万人获得了自由。[2] 1861年末，所有的农奴都获得了自由。在这个背景下，俄国知识分子开始寻求对人性的新的理解。[3]

当时的俄国，父辈与子辈之间存在一种代际的观念冲突。伊万·屠格涅夫 (Ivan Turgenev) 在他的小说《父与子》(*Fathers and Sons*) 中，深刻揭示了这种冲突。小说中的父辈，代表了19世纪40年代的老一代。他们这一代人，是浪漫主义者和理想主义者，寻求在人性本善的基础上创造自由、团结和平等。小说中的子辈代表了19世纪60年代的年轻一代，他们排斥19世纪40年代的浪漫主义。相反，他们崇拜欧洲启蒙运动。对他们来说，激进式变革需要通过理性和科学来实现，而且需要立即发生。

1 Guignon, C. and Aho, K., 'Introduction', in Dostoevsky (2009).

2 Moon, D. (2014) *The abolition of serfdom in Russia: 1762–1907*. New York, NY: Routledge.

3 资料来源: Guignon, C. and Aho, K., 'Introduction', in Dostoevsky (2009); St John Murphy, S. (2016) 'The debate around nihilism in 1860s Russian literature', *Slovo*, 28 (2), 48–68; Freeborn, R. (1985) *The Russian revolutionary novel: Turgenev to Pasternak*. Cambridge: Cambridge University Press.

在19世纪60年代，俄国的年轻一代或新人对人类有一种机械式的理解，赞同自然主义学说。在1859年，达尔文的《物种起源》(*On the Origin of Species*) 问世，该书提出了这样一种观点，人类只不过是这个世界上的另一种生物体，与其他生物一样，受制于同样的自然规律。自然主义认为，人们应该像研究动物或岩石一样，以同样的科学和超然态度来研究人类。屠格涅夫捕捉到了这一点，在他的小说中，巴扎罗夫 (Bazarov) 是19世纪60年代的新人，书中有一段描述的是他解剖青蛙。巴扎罗夫解释说："我要把青蛙剖开，看看它里面是怎么一回事，因为你我跟青蛙很相似，只不过我们用两条腿走路罢了，看过青蛙，我也就知道我们人体是怎么一回事了。"

这些年轻人是功利主义者。他们认为，生活的目的是使幸福最大化。因此，无论什么，能使幸福最大化的，就是正确的，所有理性的行动都应该以此为目标。当这一代人把自然主义和功利主义结合起来时，人类就变成了寻求快乐和避免痛苦的机器。

俄罗斯作家尼古拉·车尔尼雪夫斯基 (Nikolai Chernyshevsky) 刻画了这种意识形态的产物，他的畅销书《怎么办》(*What Is to Be Done?*) 于1863年问世，该书的副标题是"新人的故事"(*Tales About New People*)。在书中，车尔尼雪夫斯基赞美了致力于遵循理性和科学的新人。在他看来，愚昧无知会导致罪恶。如果人们能够知道自己的利益是什么，必然会采取行动来实现自己的利益，从而成为注重道德和理性的完美社会的公民。未来是"光明而美丽的"。

陀思妥耶夫斯基认为，车尔尼雪夫斯基的见解是荒谬的。如果《地下室手记》在今天出版，它可能会被重新命名为《车尔尼雪夫斯基谬见》。在陀思妥耶夫斯基看来，人们并不是必然会以最符合自己利益的方式行事，即使他们知道自己的利益是什么。人们可能明明知道光明是什么，但仍然会奔向黑暗和危险的夜幕中。若是否认这一点，那就是否认人性中顽固、黑暗的一面。如今，在哲学家纳西姆·尼古拉斯·塔勒布 (Nassim Nicholas Taleb) 的著作中，我们可以找到类似的观点。他写道："如果你不是一台洗衣机或者一座布谷鸟钟——换句话说，如果你还活着，你的内心深处就会喜欢一定程度的随机性和混乱。"[1]

在美国作家托马斯·索维尔 (Thomas Sowell) 的著作《愿景的冲突》(A Conflict of Visions) 一书中，我们也可以找到类似陀思妥耶夫斯基与车尔尼雪夫斯基之争的内容。[2] 索维尔认为，关于

---

1 Taleb, N. N. (2012) *Antifragile: Things that gain from disorder*. New York, NY: Random House.

2 Sowell, T. (2007) *A conflict of visions: Ideological origins of political strug-gles*. New York, NY: Basic Books.

人性，我们可以有两种不同的基本假设，或者两种相互冲突的"愿景"。第一种是"不受约束的愿景"(Unconstrained Vision)，主张人生有无限可能，我们是可以达到完美的。道德败坏或恶毒之类问题，是可以通过教育、理性和改变人们的环境来解决的。另一种是"受约束的愿景"(Constrained Vision)，主张人类天生就有缺陷，邪恶是不可避免的，必须加以约束。我们需要权威和传统，来控制人类的黑暗面。如果我们忽视它们，我们将面临危险。

在陀思妥耶夫斯基看来，自然主义和功利主义可能会让人感到自己被困住，而不是被解放。正如地下室人所说：

> 比如说，他们会向你证明，你是猴子变的，于是，你也只好接受这一事实，大可不必因此皱眉头。他们还会向你证明，实际上，你身上的一滴脂肪，在你看来，势必比别人身上的贵重十万倍。由于这一结果，一切所谓美德和义务，以及其他的妄想和偏见，最终必将迎刃而解。你就老老实实地接受这一事实吧，没有办法，因为二二得四是数学，是驳不倒的。

理性不是坏事，只是我们本性的一部分。正如地下室人所说："理性是好东西，这是毋庸置疑的。然而，理性终究只是理性，只能满足我们本性中的理性一面，而意愿却是整个生命的表现。"

　　陀思妥耶夫斯基相信，对于人们来说，有一些东西比快乐和理性更珍贵。正如地下室人所说："先生们，事实是，似乎真的存在某种东西，对几乎任何人来说都是比自己的最高利益更为珍贵的……为了它，在必要时，人们甚至愿意采取违背一切规律的行动；也就是说，人们不惜把理性、荣誉、安全和幸福都抛掉。"

　　陀思妥耶夫斯基声称，自由感或者说感到自己是自由的，是人的基本精神需要。因此，人们可能不会把自己视为按规律运行的机器，他们拒绝成为由天外的钢琴家弹奏的钢琴。正如地下室人所说，你们可以把一切人间财富撒满他全身，可以把他完全淹没在幸福中，然而：

　　出于纯粹的忘恩负义，出于纯粹的恶意，他也会做出肮脏下流的事来。他甚至会拿他的蜜糖饼干冒险，故意极其有害地胡说一气，故意做出毫无经济头脑的、极其荒谬的事……只是为了向自己证明——倒像这样做是非常必要似的——人毕竟是人，而不是钢琴上的琴键，可以任由自然规律随意弹奏。但是弹奏来弹奏去却可能弹出这样的危险，即除了按日程表办事以外，什么事也不敢想，不敢做。

即使科学可以证明，人的行为是被决定的，不是由自己决定的，在地下室人看来，他也不会变得理性一些。

他非要反其道而行之，他这样做仅仅是因为忘恩负义、非固执己见不可。倘若他没有办法，不可能这样做，那么他就会想办法来破坏和制造混乱，想办法来制造各种各样的苦难，非把自己的主张坚持到底不可！然后向全世界发出诅咒，因为只有人才会诅咒（这是人的特权，也是人之所以区别于其他动物的最主要之点）。要知道，他单靠诅咒就能达到自己的目的——也就是说，真正确信他是人，而不是钢琴上的琴键！假如你们认为这一切也都可以按照对数表计算出来——既包括混乱，也包括黑暗和诅咒，既然可以预算出来，就可以阻止一切，理性就会起作用——那人遇到这种情况就会故意变成疯子，为的就是不要有理性，为的就是固执己见！我相信这点，并且对这种说法负责，因为要知道，整个人的问题，似乎还的的确确在于人会时时刻刻向自己证明，他是人，而不是一只钢琴上的琴键！哪怕因此而挨揍，还是要证明。

这样看来，与其说我们是拒绝理性的生物，不如说我们是拒绝成为机器的机器。地下室人准备出手痛击或唾弃理性和必然性，把他自己这个齿轮从它们的系泊设备上摇晃下来，以获得自由感。采取与自己的理性最大利益相悖的行为，违抗理性，只是为了获得自由感，这就是我所说的"存在性恶意"(existential spite)。

只有当我们认为自由感本身有内在价值的时候，存在性恶意才可能存在。我们想要自由感，并且视它为一种目的，而不仅仅是一种手段。关于自由具有何种价值，是工具价值 (我们重视它，是因为它能帮助我们得到其他东西) 还是内在价值 (我们重视它，是因为它本身具有的价值)，这是一直存在很多争议的问题。[1] 然而，一种合理的观点是，自由应该同时具有这两种价值。就像性生活能使我们生孩子 (具有工具价值)，但我们也因为它本身而珍视它 (具有内在价值)。

在现代世界，除了试图支配我们的人之外，事物也可能让我们感到自由受到威胁。启蒙运动的产物，无论是新发现的自然规律，还是来自启蒙运动的新专家阶层的建议和警告，都可以被认为是在限制我们的自由，然后，我们就会恶意地与之抗争。反支配性恶意可能会导致我们试图唾弃并战胜必然性。

---

[1]　https://ageconsearch.umn.edu/record/295553/files/WP25.pdf.

试图抗拒被他人支配有一定道理。然而，将同样的情绪应用于理性，或者说试图抗拒被理性支配，则似乎不仅是鲁莽的，而且是非常危险的。我们的恶意本来应该是针对人的，也就是存在于人与人之间的关系中，但如果我们将其应用于一个抽象的力量领域，则可能会产生严重的后果。我们会像飞蛾一样，本该向着月光飞行，但现在却被电灯吸引，扑向了有灯光的地方。由于存在性恶意，人类不仅拥有理性，而且拥有抗拒理性的意愿。[1]

存在性恶意是为了保有一种自由感而付出代价去抗拒理性。这种做法似乎只有坏处。当涉及自然规律的时候，人若是与之对抗，自然规律总是会赢的。存在性恶意，只会以灾祸告终。或者会这样吗？我认为不会，基于以下两个原因。

首先，拒绝理性也可能是理智的。在《当下的启蒙》(Enlightenment Now) 一书中，平克为理性辩护，宣称理性是解决人

1　这并不是说，我们总是想要自由。正如阿图·葛文德（Atul Gawande）医生所指出的，病人往往不想要医生提供的自由和自主，而是希望医生为他们做出选择。葛文德举了一个自己的例子，他的女儿被紧急送往急诊室。当被问及是否要给她插管时，他的反应是，希望医生为他做出选择。正如他所说，他需要医生来承担责任：他们可以承受后果，无论好坏。葛文德还提供了调查数据，来支持他的观点，即我们并不总是想要自主。他指出，65%的人表示，如果他们得了癌症，他们会想要自己做选择，自己选择治疗方案。然而，事实证明，只有12%的癌症患者真正想要这样做。但至少在这里，不做选择仍然是一种选择。自主是我们可以选择放弃但仍然可以保留的东西。参见 Gawande, A. (2010) Complications: A surgeon's notes on an imperfect science. London: Profile Books.

类问题的唯一方法。**1** 从长远来看，我认为平克是对的。然而，理性也有黑暗的一面。在我们的社会中，理性是仅存的唯一可接受的支配形式。正如哲学家尤尔根·哈贝马斯(Jürgen Habermas)所说的，更合理的辩论通过"非强迫性的力量"(unforced force)获胜。然而，非强迫性的力量仍然是力量。人们憎恨理性支配。在2016年的英国脱欧公投期间，英国原司法大臣迈克尔·戈夫(Michael Gove)捕捉到了这种情绪，他说"这个国家的民众已经受够了专家们"。

有人可能会说，如果别人试图用理性来支配你，那么你也可以用理性来回应，理性可以作为一种反支配手段。如果有人和你辩论，试图说服你，你可以试着推理，给出反对的理由。然而，这是预先假定每个人都有平等的推理机会。推理需要资源，正如弗吉尼亚·伍尔夫(Virginia Woolf)曾经说过的，"必须要有每年500英镑的收入，才可能有机会沉思"。推理需要空间，再次引用伍尔夫的话，"必须有一间带锁的房间，才可能独立思考"。推理需要时间，我不知道在这里该引用伍尔夫的哪句话。无论怎样，理性可能被享有特权的人当作支配他人的工具。面对高深的诡辩或推理，一个没有特权的人可能无法去深入剖析它，在这种情

1　Pinker (2018).

况下，唾弃它，或者用恶意的方式对待它，可能是一种适当的反支配反应。

理性也是傲慢的。启蒙思想家认为，他们的推理远远胜过传统知识（积淀了数千年的、从经验中获得的知识）。他们可能是对的，但也经常犯错。然而，我们受到的教育是，要赞美进步的理性主义者，妖魔化倒退的传统主义者。我们可以把这和索维尔的两种愿景联系起来。持有"不受约束的愿景"的人相信，我们可以通过理性实现乌托邦。相比之下，持有"受约束的愿景"的人则抱有更多的怀疑态度，认为我们需要更多地依赖经过检验的传统知识。

如我们之前提到的，人类学家约瑟夫·亨里奇（Joseph Henrich）的研究工作，从人类进化的角度解释了我们为什么应该对理性有所顾虑。在《人类成功统治地球的秘密》(The Secret of Our Success) 一书中，亨里奇首先给出了一些例子，让我们看到，在某些情况下，个人的理性是比不上人们在实践中积累的传统经验的。[1] 例如，某些欧洲探险者来到狩猎采集者部落生存了几个世纪的地区，在缺乏传统经验、只能依靠自己的智慧生存的情况下，很多探险者死于饥饿。

---

1   Henrich, J. (2017) *The secret of our success: How culture is driving human evolution, domesticating our species, and making us smarter.* Princeton, NJ: Princeton University Press.

亨里奇指出，理性不仅可能是不足的，而且可能是危险的。从他的记录来看，在某些情况下，遵循传统经验就可以平安无事，遵循理性就可能会面临致命风险。以斐济村庄里的孕妇为例，她们面临着一种文化禁忌，就是怀孕期间不能吃鲨鱼。当被问及为什么不能吃鲨鱼时，孕妇们说，她们若是吃鲨鱼，就会生下皮肤粗糙的孩子。如果遵循理性，她们就会觉得这很荒谬，然后可能会开始吃鲨鱼，不再顾及这种禁忌。但这将是一个错误。在这种情况下，相比于遵循理性，遵循传统是更明智的。在斐济，孕妇若是吃鲨鱼，就可能会伤害到腹中的胎儿，因为鲨鱼是大型的食肉鱼类，其体内往往会积累大量的污染毒素。[1]

在过去，一个人若是过于理性，对传统的智慧不屑一顾，就有可能会带来危险，造成致命后果。那么唾弃理性，或者存在性恶意，也许并不是一件坏事。如今，我们的推理能力得到了提高。我们有新的贝叶斯推理方法和同行评议制度，[2] 这些都可以纠正我们的思维错误。因此，在如今的世界中，存在性恶意只是一种对抗理性支配的工具，而不再是一种避免陷入理性潜在雷区的方法。

---

1 同184页注释1。

2 例如，参见史蒂芬·平克关于贝叶斯推理（Bayesian Reasoning）的演讲：https://harvard.hosted.panopto.com/Panopto/Pages/Viewer.aspx?id=921ab5c6-3f83-450d-b23f-ab3b0140eeae

存在性恶意可能使人们更有创造力，这是它的第二个潜在好处。面对微乎其微的胜算概率，如果我们恶意地应对，就更有可能坚持下去，为我们面临的问题创造新的解决方案。芭芭拉·伍顿 (Barbara Wootton) 认为："人类的创造力来自敢闯敢干的人，因为他们敢于去做不可能办到的事，而不是来自于只敢做可能办到的事的那些人。"[1]本着这种精神，我们可以考虑将目标设定与存在性恶意联系起来。

我曾经在金融界工作，学到的一点是目标设定应基于"SMART"原则：具体的 (Specific)、可衡量的 (Measurable)、可实现的 (Achievable)、实际的 (Realistic) 和有时限的 (Timely)。这在如今仍然是一种权威的建议。但是，目标应该是实际的吗？我们是否应该设定那种在别人看来不切实际的目标？

我们可以利用勇敢的心效应产生心理抗拒，来激励我们实现这些目标。从本质上讲，就是在"这是不可能办到的"情绪面前，我们会有一种恶意反应。我们知其不可而为之，把自己置于彻底失败的风险之下，去做在别人看来不可能办到的事，试图通过证明理性和传统观点是错误的，来让它们付出代价。

1　Wootton, B. (1967) *In a world I never made: Autobiographical reflections*. London: Allen & Unwin.

从短期来看，这种行为可能是恶意的，但是行为者希望看到这种努力带来的延迟好处，因为没有人会去做注定失败的事。

这类似于商界的"延伸目标"（stretch goal）概念。所谓延伸目标，就是看似不可能实现的目标。[1]最早的延伸目标，是约翰·肯尼迪总统的登月方案（在20世纪60年代末之前将人送上月球），当时被认为在技术上是不可行的。[2]这些目标虽然非常新颖，但具有极高的难度，因此有时被称为"管理登月计划"（management moon shots）。[3]

唾弃公认看法，去实现看似不可能实现的目标，这种倾向似乎深深地植根于我们心中。尼采认为，幸福的一部分，来自"权力增长的感觉"。这句话的意思是，人们可以从克服阻力中获得快乐。阿道司·赫胥黎（Aldous Huxley）的《美丽新世界》（Brave New World）中的人们生活在通过药物获得的幸福中，那种幸福，对于尼采来说，简直就是地狱。

乔治·奥威尔（George Orwell）也注意到了这种对奋斗的渴

1 Thompson, K. R., Hochwarter, W. A. and Mathys, N. J. (1997) 'Stretch targets: What makes them effective?', *Academy of Management Executive*, 11 (3), 48–60; Sitkin, S. B., See, K. E., Miller, C. C., *et al.* (2011) 'The paradox of stretch goals: Organizations in pursuit of the seemingly impossible', *Academy of Management Review*, 36 (3), 544–566.

2 Manning, A. D., Lindenmayer, D. B. and Fischer, J. (2006) 'Stretch goals and backcasting: Approaches for overcoming barriers to large- scale ecological restoration', *Restoration Ecology*, 14 (4), 487–492.

3 https://hbr.org/2017/01/the-stretch-goal-paradox

求。在1940年，奥威尔发表了一篇书评，评论的是希特勒的《我的奋斗》(Mein Kampf) 一书。在书评中，奥威尔提到，几乎所有的西方思潮都假定，人们"仅仅想要舒适、安全和逃避痛苦"。这是一种全然的功利主义人生观。奥威尔意识到了这种享乐主义人生观的错误，[1]他指出人们追求的不仅是享乐。

耶稣和希特勒可能不会有什么共识。但他们都相信：人们不能只靠面包生活。正如奥威尔所言，希特勒知道人们"不仅仅想要舒适、安全、工作时间短、卫生和掌制生育权利，总之，不会仅仅是这些基本需求"。奥威尔认为，希特勒认识到，人们"至少偶尔也想要战斗和自我牺牲，更不用说在鼓点和旗帜中进行表忠心的游行了"。就此而言，奥威尔写道，"从心理学的角度来说，法西斯主义和纳粹主义比任何享乐主义人生观都要透彻得多"。奥威尔继续写道：

社会主义，甚至资本主义也以一种更勉强的方式，对人们说"我会让你们过上好日子"，而希特勒对民众们说的是"我将带给你们斗争、危险和死亡"，结果，整个国家

1　https://bookmarks.reviews/george-orwells-1940-review-of-mein- kampf/

都匍匐在他的脚下。或许到后来，就像上次战争的末期那样，人们会对此感到厌倦并改变想法。经过几年的杀戮与饥荒，"大多数人的最大幸福"是一句很动听的口号。但当下，"一个恐怖的结尾总好过一场没有尽头的恐怖"占了上风……我们不应该低估这句话的情绪感染力。

关于奋斗欲望，最传神的例子也许来自英国科幻小说作家道格拉斯·亚当斯 (Douglas Adams) 的作品，幸好不是来自希特勒的。在英国广播公司 (BBC) 的广播剧《银河系漫游指南》(The Hitchhiker's Guide to the Galaxy) 中，亚当斯让他的主人公阿瑟·邓特 (Arthur Dent) 抵达一个星球，那里的医学已经发展到几乎可以治愈任何疾病的程度。然而，这带来了意想不到的问题：

与大多数医疗形式一样，完全治愈也有很多令人不快的副作用。无聊、无精打采、产生匮乏感……好吧，什么都乏味，随着这些情况的出现，人们意识到，没有什么比越来越严重的耳疾，更能让一个稍有天赋的音乐家迅速成为杰出的天才，也没有什么比不可逆转的大脑损伤更能让一个完全正常、健康的人成为伟大的政治家或军事将领。突然，一切都变了……医生们重出江湖，以受大众喜爱的、最易使用的形式，再现他们已经消灭的所有疾病和损伤。因此，面对恰当的、即得即用的残障类型，即使像打开立体电视（3D TV）这样简单的事情，也可能成为一个重大挑战。而且，你会发现，所有电视频道和节目，实际上都是由有各种残障人员制作的，例如由患有唇腭裂的演员主演，由读写障碍者创作台词，并且是由盲人摄影师拍摄。所有这些，不只是看起来那样，而是使整个事情变得更有价值，更有意义。[1]

亚当斯实际上是在谈论延伸目标：一种自造的危机，试图通过奋斗来获得意义感。[2] 存在性恶意会促使我们努力实现延伸目标，激发我们内心深处的奋斗欲望，从而创造出新颖的、超乎想象的问题解决方案。事实上，尝试延伸目标就是要求人们发挥创造力。[3] 史蒂夫·克尔（Steve Kerr）曾任高盛集团首席学习官和董事总经理，正如他所强调的，延伸目标"可以使你的员工表现出色，以他们以前认为不可能的方式来解决问题"。[4] 存在性恶意，可以带来突破。

1 https://www.clivebanks.co.uk/THHGTTG/THHGTTGradio11.htm

2 Sitkin *et al.* (2011).

3 Rousseau, D. M. (1997) 'Organizational behavior in the new organiza- tional era', *Annual Review of Psychology*, 48 (1), 515–546.

4 https://money.cnn.com/magazines/fortune/fortune_archive/1995/ 11/13/207680/index.htm

正如我们想象的那样，延伸目标也可能铸成大错。延伸目标可能会使员工变得消极，尤其是在不能容忍失败的公司。[1] 这些目标可能导致习得性无助：面对我们无法控制或逃避的问题时，我们会有一种失败和沮丧的感觉。机构或组织也可能因设定此类目标而遇到麻烦，欧洲汽车制造公司欧宝 (Opel) 在2001年陷入了困境。那一年，它损失了5亿多美元。在资源有限的情况下，欧宝定下了一个延伸目标：在两年内扭亏为盈。虽然公司的确有进步，但离实现目标还差得很远。这一失败使员工们的士气更加低落。[2]

梅德哈尼·盖姆 (Medhanie Gaim) 及其同事认为，汽车制造商大众集团的排放门丑闻也是一个延伸目标（大众汽车曾经制定了制造出速度快、廉价和绿色汽车的目标）出错的例子。[3] 实现性能、效率和节能三者兼顾的目标，似乎是不可能的。更高效率的柴油发动机，排放也会更高，更好的性能意味着更低的燃油量。其他德国汽车制造商（例如，宝马汽车公司和奔驰汽车公司）已经认定，"速度快、廉价和绿色"(fast-cheap-green) 的目标实际上是不可能实现的。最终，大众汽车集团只能通过安装一个规避排放

---

1 Kerr, S. and Landauer, S. (2004) 'Using stretch goals to promote organizational effectiveness and personal growth: General Electric and Goldman Sachs', *Academy of Management Executive*, 18 (4), 134–138.

2 https://hbr.org/2017/01/the-stretch-goal-paradox

3 Gaim, M., Clegg, S. and Cunha, M. P. E. (2019) 'Managing impressions rather than emissions: Volkswagen and the false mastery of paradox', *Organization Studies*, 0170840619891199.

检测的装置 (识别车辆是否正处于排放检测环境中，排放控制只有在检测过程中才会全面启动) 来实现这个目标。到2019年初，这起丑闻已使大众汽车集团损失了300亿美元。[1]

尽管延伸目标有可能铸成大错，但也可能带来巨大的成功。在1972年，西南航空公司面临的问题是，它只有三架飞机，但必须用三架飞机来完成四架飞机的业务。因此，该公司设定了一个延伸目标，即在10分钟内完成飞机过站（"10分钟过站"）。几乎所有人，包括西南航空公司的一些员工以及美国联邦航空管理局和波音公司，都认为这个目标是不可能实现的。当时，一架飞机从落地到起飞，通常需要一个小时。然而，通过进行彻底的改变，包括借鉴赛车维修工的经验，西南航空公司的"10分钟过站"目标得以实现。[2]

另一个例子，来自戴维塔公司 (DaVita, 透析中心运营商, 为肾病患者提供透析医疗服务)，它也曾成功地设定并实现了一个延伸目标。正如杜克大学商学院教授西姆·希特金 (Sim Sitkin) 及其同事所说，戴维塔公司面临的问题是，在所有患者中，有90%的患者是依靠政府的医疗保险计划来支付透析治疗费用，这些计划不能覆盖他们的全部治疗费用。为了应对这个问题，戴维塔公司决定设定一个延伸目标，即在4年内节省6000

---

1 Ibid.

2 Sitkin *et al.* (2011).

万美元至8000万美元的成本，改善患者治疗效果并提高员工满意度。为此，戴维塔公司创建了一个新的团队，名为"先锋团队"。团队负责人丽贝卡·格里格斯 (Rebecca Griggs) 回忆说："我们不知道如何在这么短的时间内节省这么一大笔钱。事实上，我们甚至不知道，这个目标是否可行。"但在几年内，她的团队就节省了6000万美元的成本，减少了住院的透析患者数量，并提高了员工满意度。[1]

接下来的问题是：就一个延伸目标的实现而言，一个公司的成功或失败受哪些因素影响？希特金和他的同事认为，一个公司追求延伸目标，应该是在它已经处于有利地位并且处于连胜状态的时候。一个公司若是处于弱势时试图追求延伸目标，就会传达出恐惧和绝望。不幸的是，公司处于弱势时，管理层最有可能尝试延伸目标。为了说明这一点，希特金参考了有关损失厌恶和决策的心理学文献。心理学家丹尼尔·卡尼曼 (Daniel Kahneman) 和阿莫斯·特沃斯基 (Amos Tversky) 的研究表明，在失败时，人们更倾向于冒险，为的是摆脱困境。[2] 因此，陷入困境的公司，更有可能采取冒险行动。

卡尼曼和特沃斯基的研究还表明，成功的公司可能更

---

1 https://hbr.org/2017/01/the-stretch-goal-paradox

2 Kahneman, D. (2012) *Thinking, fast and slow*. London: Penguin.

加厌恶风险。成功的公司，虽然有资源和动力成功地承担风险并实现延伸目标，但它们可能会变得自满。为了克服自满，成功的公司可以采取方法，有意识地让自己感受到威胁，就像前面提到的道格拉斯·亚当斯的想法一样。希特金还以制药公司默沙东 (Merck & Co) 为例，讲述了首席执行官肯尼斯·弗雷泽 (Kenneth Frazier) 是如何采用这种方法的。[1] 弗雷泽要求高管换一个角度来思考，把他们自己想象成默沙东的竞争对手，然后集思广益，一起讨论如何击败默沙东。这样一来，高管感受到了潜在的危险，所以也就更愿意去追求新的延伸目标了。

延伸目标，还可以被用来解决我们面临的环境问题。在这里，创建延伸目标始于让利益相关者想象"有启发性的另类未来"(provocative alternative futures)。然后，他们可以设定延伸目标来实现他们的愿景。例如，苏格兰的生命之树 (Scottish

---

1　Ibid.

Trees for Life) 项目，旨在恢复苏格兰高地中北部的森林，包括重新引入野生动物，如海狸、野猪、猞猁、麋鹿、棕熊和狼，这就是一个典型的延伸目标。在很多人看来，这个目标是不切实际的，但它是一个鼓舞人心的愿景，可以引导人们设定短期里程碑，逐步实现这一愿景。[1]

事实上，无论你是在商界，还是在参与拯救地球的环保活动，对于从事任何形式的创造性活动来说，设定看似不可能实现的目标，可能是触发勇敢的心效应和利用存在性恶意的一种有效方法。存在性恶意，可被用来推动世界进步，实现看似不可能实现的目标，它是通过唤起我们的反支配的一面，促使我们对抗高高在上的抽象事物，无论是传统的东西还是理性的东西。恶意倾向可以被用来创造新的、积极的文化变革。恶意如何改变我们的文化是一个重要的问题，在政治领域更是如此。

1　Manning *et al.* (2006). See also https://treesforlife.org.uk/

第六章

恶意与政治

在匿名性的黑暗中，恶意不再受到抑制。对恶意的认识，有助于我们更全面地理解我们这个时代的以及将来可能发生的重大政治事件。

选举是泄愤或恶意显现的最好机会。政治活动能够为我们提供争论什么是公平的机会。当感知到不公平或者感到别人把我们远远抛在后面时，我们就会有一种愤怒反应，愤怒是非常重要的政治情绪。[1]这反过来又会引发反支配性恶意。正如我们将在本章看到的，在政治领域，反支配性恶意可能以"混乱需求"(need for chaos)的形式出现，带有潜在的世界末日效应。政治活动，也是我们试图出人头地的场所。为了达到这个目的，我们可能会利用支配性恶意。由于害怕遭报复，恶意通常是受到抑制的，我们不会轻易恶意行事，但在选举中，我们在幕布后面投票。在匿名性的黑暗中，恶意不再受到抑制。对恶意的认识，有助于我们更全面地理解我们这个时代，以及将来可能发生的重大政治事件。

*

希拉里善于让人们投票给她。事实上，她在这方面比唐纳德·特朗普更胜一筹，她在普选中获得的票数超过特朗普近300万张。不幸的是，事实证明，特朗普竞选团队、媒体、民主党建制派、俄罗斯政府，甚至希拉里本人似乎都有办法让人们不投票给她。在2016年美国总统选举中，

---

1 Holmes, M. (2004) 'Introduction: The importance of being angry: Anger in political life', *European Journal of Social Theory*, 7 (2), 123–132.

希拉里未能胜选有很多原因。我当然不会把这完全归因于恶意。然而，在问到"发生了什么或何以致败？"（what happened?）的时候，我们不能忽视恶意在政治活动中的潜在影响。

从外部观看美国政治，2016年的总统大选似乎是一场惩罚性选举。观察者可能会认为，选民在进入投票站的时候不是在考虑"我应该支持谁？"，而是在考虑"我应该惩罚谁？"。这种惩罚大多是针对希拉里的。对于惩罚者来说，这种惩罚可能代价很低，希拉里的潜在支持者只要不去投票所，就算是惩罚希拉里了。这种惩罚也可能是有一定代价的，希拉里的潜在支持者需要付出一定代价，花一些时间和精力去投票所，把选票投给一个相对可比的替代者，比如绿党总统候选人吉尔·斯坦因（Jill Stein）。然而，这种惩罚还可能是高代价的。希拉里的潜在支持者可能会把选票投给特朗普，尽管他们知道，特朗普担任总统会对他们自己、国家和世界造成伤害。这三种形式的惩罚似乎都发生了。因此，在2016年，我们看到希拉里受到选民的唾弃。

我们可能不相信，选民会投票给可能损害自己利益的候选人。然而，正如我们所看到的，有相当一部分人准备泄愤或恶意行事。我们认为，某些选民投票给特朗普是为了惩罚希拉里，或者恶意至少在一定程度上影响了他们的决定。要证明这一点，我们需要两方面的证据：首先，某些选民有惩罚希拉里的动机；其次，他们把选票投给特朗普，对他们来说是有代价的，因为他们知道，特朗普担任总统可能会损害他们的利益。事实上，我们有这两方面的证据。

首先，以美国有线电视新闻网 (CNN) 的出口民调 (exit poll) 结果为例，当选民被问及对自己投票支持的候选人的看法时，[1] 1/4的受访者表示，自己把选票投给某位候选人，并不是因为自己很喜欢这位候选人或者只是对这位候选人持保留态度。相反，他们投票给某位候选人，是因为他们不喜欢该候选人的对手。在如此回答的受访者中，有50%的人把选票投给了特朗普，39%的人把选票投给了希拉里。因此，选民更有可能因为不喜欢希拉里而把选票投给特朗普，而不是反之。

皮尤研究中心 (pew research center) 的民调，也发现了类似的结果。[2]该研究发现，特朗普的支持者当中有53%的人表示，他们投票给特朗普主要是因为他们反对希拉里。这与之前的美国总统选举大不相同。在2008年的总统大选 (奥巴马对麦凯恩) 和2000年的总统大选 (布什对戈尔) 中，每位候选人的支持者

---

1   https://edition.cnn.com/election/2016/results/exit-polls

2   https://www.pewresearch.org/fact-tank/2016/09/02/for-many-voters-its-not-which-presidential-candidate-theyre-for-but-which-theyre-against/

当中，都有大约60%的人表示，他们是将票投给自己支持的候选人，而不是为了反对另一位候选人才这么投票的。显然，2016年的总统大选，是一场惩罚性选举。但它是一场高代价的惩罚性选举吗？

看来是这样的，因为有证据表明，在特朗普的支持者中，有一些人虽然知道特朗普当选对他们来说不是什么好事，但他们还是将票投给了特朗普。[1]例如，在出口民调中，有一部分受访者表示，如果特朗普当选，他们会感到悲观。你可能会认为，这些人是不会投票给特朗普的。然而，在这些受访者中，有13%的人将票投给了特朗普。此外，还有一部分受访者表示，如果特朗普当选，他们会有所担忧，但这些受访者中有1/3的人将票投给了特朗普！最后，大约1/3的受访者表示，如果特朗普获胜，他们会感到害怕，然而，这一部分受访者中有2%的人将票投给了特朗普。[2]

这些数据表明，在对特朗普有顾虑（他们承认，如果特朗普当选，他们会感到悲观、担忧或害怕）的选民中，有很大一部分人仍将票投给了特朗普。而在对希拉里有同样顾虑的选民中，只有相对较少（比前者少了1/3到一半）的选民仍将票投给了希拉里。因此，某些选民将票投给特朗普，确实是因为他们不喜欢希拉里并

1   https://edition.cnn.com/election/2016/results/exit-polls

2   Ibid.

且想要惩罚希拉里，尽管他们完全知道这可能会伤害到他们的利益。他们一意孤行将票投给特朗普，完全是为了唾弃希拉里。

*

在对特朗普有顾虑的选民当中，有些人将票投给特朗普，可能不是为了唾弃希拉里，而是有其他原因。我们可以从选民的陈述中看到这一点。正如特朗普的一位支持者所说：

> 我内心黑暗的一面想看看如果特朗普上台会发生什么……将会有某种变化，即使是纳粹式的变化。人们是如此喜欢戏剧化的情绪体验，希望看到这样的事情发生。就像看真人秀一样，你不会只想看到每个人都很快乐，一团和气，还想看到有人在和其他人干架。[1]

同样，伯尼·桑德斯 (Bernie Sander) 的一位支持者表示，"老实说，我想将票投给特朗普，不是因为我同意他说的任何话，而是因为我宁愿让这一切都化为灰烬，重新开始"。[2]

---

[1] https://www.rawstory.com/2016/05/bernie-or-bust-voter-at-least- trump-will-bring-change-even-if-its-like-a-nazi-type-change/

[2] https://eu.desmoinesregister.com/story/news/politics/2016/10/05/sanders-says-clintons-agenda-matches-his-own-but-backers-remain- skeptical/91541064/

我们可能不同意这种观点（事实上，我们很难理解，任何一个对历史稍有了解的人，会接近于支持"纳粹式的变化"），但我们可能会认出它。在2008年上映的蝙蝠侠系列电影《黑暗骑士》(The Dark Knight) 中，布鲁斯·韦恩 (Bruce Wayne) 的管家阿尔弗雷德 (Alfred) 表述了这一观点。正如他所说："有些人只想看世界毁灭。" (Some men just want to watch the world burn.)

想要这个世界被毁掉，这样的愿望似乎是一种恶意。事实上，就眼前来说，这种恶意可能对自己和他人都有害。然而，从长远来看，它可能符合某些人的自身利益。最近一项关于混乱需求的研究，就表明了这一点。这是由丹麦心理学家迈克尔·邦·彼得森 (Michael Bang Petersen) 领导的一项研究。他们研究的问题是，什么导致人们在网上传播政治谣言？[1]彼得森的结论是，人们在网上传播政治谣言，不只是为了全力支持本党候选人，或者是为了伤害另一个党派的候选人。他指出，人们这样做，是因为他们对社会现状以及他们在社会中的地位感到不满和愤怒。

为了验证这个观点，彼得森及其同事设计了一份"混乱需求问卷"，其中包含这样一些题目，如"当其他国家遭

---

1 Petersen, M. B., Osmundsen, M. and Arceneaux, K. (2018, September 1) "A 'Need for Chaos' and the sharing of hostile political rumors in advanced democracies", https://doi.org/10.31234/osf.io/6m4ts

遇自然灾害时，我会感到兴奋""我幻想着一场自然灾害来袭，它会毁灭大部分人类，让一小群人可以重新开始"和"我认为社会应该被摧毁"。然后，他们研究了美国人、丹麦人和非西方移民对这些题目的反应。

首先要注意的是，赞同这种极端表述的人数是多少。参与问卷调查的所有被试者当中，10%的人认为，社会应该被摧毁；20%的人认为，社会制度中的问题是无法解决的，我们应该推倒重来。研究表明，表现出更大的混乱需求的人，更有可能在网上分享恶意的政治谣言，并具有暴力激进分子的心态。

显然，赞同问卷中的这种极端表述，与出现这种极端行为有很大的不同。这项研究，并不是由表现出这种极端行为的人入手——先找到这种人，然后才发现，混乱需求是他们的行为动机。[1] 然而，有混乱需求的那些人，可能就是如果得到了尼克·波斯特洛姆 (Nick Bostrom) 的黑色小球，就有可能危及人类的那种人。

那么，这里发生了什么？彼得森认为，混乱需求反映了一种渴望，就是想要从头再来或者重新开始。有混乱需求的人很可能是会从现状的崩溃中获益的人，或许是那种

---

[1]　扎卡里·卡特（Zach Carter）提出的一个观点：https://www.huffpost.com/entry/democratic-party-chaos-vote_n_5de95ab6e4b0913e6f8d3d5e

追求地位但又没有地位的人。彼得森及其同事提出，对于被边缘化的地位追求者来说，煽动混乱是他们可以使用的最后手段。在论文中，彼得森及其同事报告了与此相符的证据。高的混乱需求与年轻、受教育程度低和男性相关，还与更高的孤独感以及感觉自己处于社会底层相关。

彼得森的研究表明，陷入社会边缘地位并且能够应对反社会情境的人，更可能产生混乱需求。这些人通常具有体力充沛（往往是男性）、缺乏共情能力等特征。此外，彼得森认为，不断加剧的不平等以及对民主和生活质量的不满，同时挫败了人们追求地位的努力，因此也可以起到催生混乱需求的作用。为了化解这种混乱需求，我们需要确保每个人都有尊严，在社会上有一席之地，正如我们将在下一章中提及的，为一种亲社会的神圣价值（sacred value）而奋斗。

关于为什么某些选民对特朗普有顾虑但仍将票投给特朗普，还有一种解释来自"精英背叛"（Elite Betrayal）假说。这是一个没有得到充分数据支持的假说，是由哈佛商学院的拉菲尔·迪·泰拉（Rafael Di Tella）和朱利奥·罗泰姆伯格（Julio Rotemberg）提出的。[1] 他们的假说始于一种观察：如果可以选

---

[1] Di Tella, R. and Rotemberg, J. J. (2018) 'Populism and the return of the "paranoid style": Some evidence and a simple model of demand for incompetence as insurance against elite betrayal', *Journal of Comparative Economics*, 46 (4), 988–1005.

择，人们更愿意选择因为运气不好而蒙受损失，而不是因为被别人利用或欺骗而蒙受损失。[1] 也就是说，如果你担心政府腐败，就更有可能将票投给一个无能的政客，而不是将票投给一个有能力的政客。一个无能的候选人，当选之后，可能会犯错误，无意中让你的处境变得更糟，但是一个有能力的候选人，当选之后，可能会故意欺骗你，使你的处境变得更糟。

在2016年美国总统大选前的一个星期，研究人员开展了一项研究，来验证这个假说。他们以一些选民为被试者，首先向选民强调，对于政治家来说，有能力是多么重要，然后观察这是否会影响选民的投票意向。在一组似乎对民粹主义持开放态度的选民（居住在非农村地区、受教育程度较低的白人群体）当中，研究人员发现了这种影响。在这组选民当中，有63%的人认为，希拉里比特朗普更有能力。当这组选民阅读了关于能力对政治家有多重要的信息之后，他们应该会更倾向于投票给希拉里。但情况并非如此，在阅读了相关信息之后，他们变得更倾向于投票给特朗普，这种可能性增加了7%。然而，我们还不能就此得出结论：这意味着他们担心希拉里会背叛他们。我们应该注意到，在这篇论文中，作者

---

1 Bohnet, I. and Zeckhauser, R. (2004) 'Trust, risk and betrayal', *Journal of Economic Behavior & Organization*, 55 (4), 467–484.

给出的数据表明，这个差异可能不具有统计学意义，[1]我们需要更令人信服的证据来支持这一假说。

*

如果某些选民通过投票惩罚希拉里，他们为什么惩罚她？对希拉里来说，最重要的是，不要得罪通常会投票给她的自由主义者，尤其是不要让他们质疑她的公平。因为在道德决策过程中，自由主义者比保守主义者更看重公平。乔纳森·海特 (Jonathan Haidt) 的工作表明了这一点。

海特的道德基础理论认为，人们的道德关注围绕六个基础或称六个维度：关心与伤害、公平与欺骗、忠诚与背叛、权威与颠覆、圣洁与堕落、自由与压迫。他研究发现，政治立场不同的人对这几个维度的重视程度也不同。与本节内容特别相关的是，自由主义者比保守主义者更重视公平与欺骗这一维度。[2]因此希拉里的竞选团队强调了许多与公平相关的问题：如妇女权利、竞选筹款改革和收入不平等……

鉴于公平对自由主义者的重要性，希拉里需要被民主党人视为公平地赢得了党内提名。违背公平原则的任何做

1　如果你学过统计学，可以想一下，这个效应的p值是0.07，但作者没有进行多次统计检验，来进行α的校正。

2　Graham, J., Haidt, J. and Nosek, B. A. (2009) 'Liberals and conservatives rely on different sets of moral foundations', *Journal of Personality and Social Psychology*, 96 (5), 1029–1046.

法，都可能引发愤怒。遗憾的是，人们并不认为她是公平的。在民主党党内初选中，希拉里与伯尼·桑德斯（Bernie Sanders）进行了一番较量，一些人认为她是以不公平的方式获得提名的。桑德斯的许多支持者认为，民主党高层对桑德斯不公，他们理应在党内初选中保持中立。"桑德尼派"（Sandernistas）有足够的理由认为，民主党高层偏袒希拉里。

首先，桑德斯的支持者当中有大量年轻人，他们没有登记加入任何政党。在某些州中，这意味着他们不能参加初选投票，不能在民主党的初选中投票给桑德斯。其次，还有"超级代表"（superdelegates），他们是党内官员，在民主党的总统候选人提名过程中有很大的发言权。他们的投票，可能会改变初选中普通选民的投票结果。桑德斯竞选团队的一名成员回忆说，在民主党全国代表大会上：

我永远不会忘记观看密歇根州的初选计票的场景，密歇根州是决定2016年大选的关键州之一。桑德斯所获该州"承诺代表"票数（反映该州普通选民的投票结果）超过希拉里4票，但在超级代表投票后，两人的得票结果变成了希拉里76票，桑德斯67票。[1]

---

1 https://www.theguardian.com/commentisfree/2018/jun/11/ democrat-primary-elections-need-reform

　　同样，在新罕布什尔州的民主党初选中，桑德斯赢得六成选票，但在代表大会上，将超级代表的票数计入后，桑德斯在该州的得票没有超过希拉里。[1]桑德斯本人抱怨说，这个"作弊制度"(rigged system)阻挡了他获得提名的道路。不管是否真的如此，桑德斯的这句话正中特朗普的故事框架，我们稍后将谈到这一点。

　　维基解密发布了由俄罗斯情报机构提供的电子邮件，[2]表明民主党全国委员会的高层人士热衷于破坏桑德斯的竞选活动，他们提出的打压方法包括对桑德斯的宗教信仰进行调查。[3]这加深了民主党选民对公平问题的关注。民主党全国委员会向桑德斯致歉，但"驴子已经溜走了"。

　　就选民对希拉里的看法而言，很多人认为她不是一个公平行事的人，在塑造她形象方面，桑德斯也起到了作用。虽然他淡化了民主党全国委员会泄露邮件，以及希拉里使用私人邮件服务器处理公务的问题，但他把希拉里描述为讨好华尔街精英的建制派工具。这牵涉一个代际问题。对许多年长的女性来说，希拉里是一位开拓性的女权主义者。然而，对一些年轻女性来说，希拉里代表着占主导地

1　同208页注释1。

2　https://www.dni.gov/files/documents/ICA_2017_01.pdf

3　https://www.politico.com/story/2016/07/top-dnc-staffer-apologizes-for-email-on-sanders-religion-226072

位的阶层。[1] 对她们来说，希拉里是建制派的代表——一个白人、穿裤装的内部人，保护着自己阶层的利益。桑德斯利用了这种看法。可以说，这与希拉里在总统选举中的败选有很大关系。

无论2016年的民主党初选是否公正，是否对希拉里有利，[2] 多达27%的民主党选民认为它不公正，对希拉里有利。只有一半的人认为，希拉里是通过公平竞争获得了民主党提名。[3] 希拉里的公平性遭到了自由派选民的质疑，这对希拉里来说可能是灾难性的。

希拉里获得民主党提名后，桑德斯应该消除对希拉里不利的看法，告诉选民希拉里不是通过不公平手段获胜的，因为他很清楚泄愤式投票发生的可能性。在大选前，桑德斯告诫选民，现在不是投"抗议票"(protest vote) 的时候。[4] 桑德斯确实试图扭转人们对希拉里的看法，包括他自己对希拉里的形象造成的影响。在美国广播公司 (CNN) 的电视节目中，沃尔夫·布利策 (Wolf Blitzer) 问桑德斯："公平地说，她

1   Bordo, S. (2017) *The destruction of Hillary Clinton*. London: Melville House.

2   Gaughan, A. J. (2019) 'Was the Democratic nomination rigged?: A reexamination of the Clinton-Sanders presidential race', *University of Florida Journal of Law & Public Policy*, 29, 309–358.

3   Ibid.

4   https://www.facebook.com/berniesanders/photos/a.324119347643076/1157189241002745/?type=3

赢了，对吧？"[1]"是的。"桑德斯说。然而，当布利策追问："那么一切都结束了？"桑德斯的回答并不明确："嗯，什么——没有。结束的是，你参加了民主党全国代表大会。但是，你知道，结果是她获得的代表票数比我多。对于这一事实，我没有异议。"他的这种表态，他的支持者会怎么看，这是尚不清楚的。

要想让桑德斯的支持者重新回到民主党阵营，最直接的方法是，向桑德斯的支持者发出呼吁，恳求他们对民主党忠诚。当然，桑德斯的很多支持者并没有加入民主党。但即使对于民主党内的桑德斯支持者来说，这种呼吁也是难以与那些不公平的断言相抗衡的，因为在道德基础方面，自由主义者更看重公平，而不是忠诚。

例如，在2017年发表的一篇论文中，研究人员报告了在2016年美国总统大选前进行的一项研究。他们让自由主义者阅读两组反对希拉里的信息，看看哪组信息最能引发自由主义者对希拉里的反感。[2] 其中一套反对信息是围绕道德基础中的公平维度的，如有这样一句话"希拉里愿意放弃公平和平等来实现她自己的目标"，配上一张希拉里

---

1 http://transcripts.cnn.com/TRANSCRIPTS/1607/06/wolf.01.html

2 Voelkel, J. G. and Feinberg, M. (2018) 'Morally reframed arguments can affect support for political candidates', *Social Psychological and Personality Science*, 9 (8), 917–924.

站在一个华尔街标志旁的图片。另一套反对信息是基于忠诚与背叛这一维度的，如这样一句话"她辜负了我们在班加西的大使和士兵"，并配了一张图片：希拉里的旁边有一个打开的信封，上面有一个电子邮件的标志。研究人员发现，相比于指责希拉里不忠诚的信息，指责希拉里不公平的信息更能引发自由主义者对希拉里的反感，导致他们对希拉里的支持程度下降。

希拉里赢得民主党提名后，她的支持者面临的一项工作是让不喜欢她的民主党人投票给她。一些支持者采取了尊重选民自由的方法，如美国前劳工部长罗伯特·赖希 (Robert Reich) 写道："对那些仍然不想投票给希拉里的人，我向他们提出请求——请重新考虑。"[1]

某些支持者则采取了更强硬的方法。他们一个接一个地站出来，要求选民支持希拉里。他们说选民不仅应该投票给希拉里，而且必须投票给她，除此之外，没有其他选择。有些人是直接这么说的。歌手凯蒂·佩里 (Katy Perry) 跟选民说："你们必须投票给希拉里。"[2] 有些人则是间接地表达这个意思，如比尔·克林顿当政时期的美国国务卿马德

---

[1] https://www.newsweek.com/robert-reich-why-you-must-vote-hillary-500197

[2] https://www.dailymail.co.uk/news/article-3918926/Hollywood-starts-panic-results-aren-t-going-Clinton-s-way.html

琳·奥尔布赖特 (Madeleine Albright) 曾说过："地狱里有个特殊的地方，专门是为那些不帮助其他妇女的女性准备的。"[1] 桑德斯的支持者认为，这是奥尔布赖特在告诉他们如何投票。这种情绪很有可能触发"勇敢的心效应"。希拉里的支持者告诉选民，他们别无选择，必须投票给希拉里，尽管有一部分选民，包括桑德斯的支持者在内，同意这种观点。[2] 但完全有可能的是，这种强硬的方法将一部分选民推向泄愤式投票。

事实上，对于桑德斯的许多支持者来说，美国总统大选日来临时，他们围绕 (民主党总统候选人) 提名过程产生的义愤仍未消散。这种愤怒可能会触发恶意，促使他们付出不同的代价来实施惩罚。桑德斯的某些支持者，可能会选择不投票。对一些人来说，这可能代表了一种惩罚。因为去投票的桑德斯支持者，大多数会将票投给希拉里，尽管他们并不愿意这么做。然而，在桑德斯的支持者当中，还是有那么一小部分人选择将票投给特朗普。确切地说，在民主党初选中为桑德斯投票的选民中，有12%的人在总统大选

---

1 Bordo (2017); 奥尔布赖特多年来一直在表达这个观点：https://www.thecut.com/2013/03/brief-history-of-taylor-swifts-hell-quote.html

2 https://www.thenation.com/article/sanders-supporters-its-infuriating-to-be-told-we-have-to-vote-for-hillary-but-we-do/

中投票给特朗普。[1] 在密歇根州、威斯康星州和宾夕法尼亚州，这12%的人（在总统大选中投票给特朗普的桑德斯支持者）如果将票投给希拉里，或者在大选日待在家里放弃投票，那么希拉里就能在这三个州获胜，并赢得此次总统选举。[2]

在一个政党候选人的初选中，有12%的选民在大选中投票给另一个政党的候选人，这没有什么不寻常的。[3] 共和党的初选选民中，也有同样比例的人在最终投票时选择了希拉里。然而，相比于普通的改变投票意向的选民，在大选中将票投给特朗普的桑德斯支持者，是否更多地以惩罚希拉里为动机，这是一个值得考虑的问题。显然，支持桑德斯的某些选民，在大选中将票投给特朗普，可能是因为他们与特朗普持有一些相同的观点。[4] 但是在政策主张或具体问题上，桑德斯与特朗普之间几乎没有什么共同点。由于初选期间激起的愤怒，桑德斯的某些支持者很可能是为了唾弃希拉里而在大选中投票给特朗普的。

在大选前两天，《嘉人》（Marie Claire）杂志刊登了一篇文章，

---

1 来自合作国会选举研究（Cooperative Congressional Election Study）的数据，调查了大约5万人，相关报告：https://www.npr.org/2017/08/24/545812242/1-in-10-sanders-primary-voters-ended-up-supporting-trump-survey-finds?t=1586332242609

2 Ibid.

3 Ibid.

4 将选票投给特朗普的桑德斯支持者当中，近一半的人认为，白人在美国实际上并不享有特权；https://www.npr.org/2017/08/24/545812242/1-in-10-sanders-primary-voters-ended-up-supporting-trump-survey-finds?t=1586332242609&t=1587813802090

题为"如何平静地与你的朋友/阿姨/姐夫谈论，为什么为唾弃希拉里而投票给特朗普是一个非常非常糟糕的主意"。在选举期间，网上评论也反映了一种恶意情绪。一位网民使用了双重否定句："我不仅不会投票给希拉里，如果她获得民主党候选人提名，我会为泄愤而投票给特朗普，让希拉里的盲目追随者感到痛苦，因为他们在竞选中拒绝支持唯一的真正的自由主义者。"[1]

很多选民认为，在民主党初选中，希拉里是通过不公平手段赢得候选人提名的。就其本身而言，这种看法可能还不足以导致希拉里败选。然而，特朗普竞选团队和大众媒体都放大了这一叙事。

*

特朗普给选民的一个核心信息是，希拉里行事不公，选民应该惩罚她。他给希拉里起的绰号"骗子希拉里"(crooked Hillary)，就完美地概括了这一点。特朗普称希拉里是"有史以来最腐败的竞选人"。[2] 他的一个竞选策略是向选民强调，普通人正面临一个由内部精英创造的不公平的政治制度，这些精英制定规则，"以确保他们自己掌握权

1　https://libertyblitzkrieg.com/2016/03/03/bernie-or-bust-over-50000-sanders-supporters-pledge-to-never-vote-for-hillary/

2　https://www.theguardian.com/us-news/2016/jun/22/donald-trump-hillary-clinton-corrupt-person-president

力和金钱"。[1] 特朗普，一个戴棒球帽的亿万富翁，认为希拉里是这类精英中的一员。特朗普说，希拉里保护华尔街的利益，将华尔街的利益置于普通人的利益之上，这是不公平的。特朗普声称，希拉里被华尔街"拥有"，而他自己身为亿万富翁，则不受他们控制。特朗普的说辞也有助于提升他自己在选民眼中的形象，虽然他本人有很多不良行为，但选民们似乎对他比较宽容。他可能没有受到惩罚，因为一些选民认为这些不良行为是他愿意对抗精英的证据。[2]

此外，特朗普还利用桑德斯关于作弊制度的言论来攻击希拉里。特朗普对桑德斯的支持者喊道："被代表这种作弊制度冷落的所有桑德斯选民，我们张开双臂欢迎你们。"[3] 特朗普说希拉里是华尔街的工具，这与桑德斯的说法（希拉里没有勇气挑战华尔街、大型制药公司以及保险和化石燃料行业）相呼应。在桑德斯点燃的火苗上，特朗普浇了汽油。

特朗普还举了其他例子来指责希拉里行事不公。他声称，希拉里接受了某些外国人对克林顿基金会的捐款，这

1　See https://digitalscholarship.unlv.edu/cgi/viewcontent.cgi?article=1036&context=comm_fac_articles

2　Di Tella and Rotemberg (2018).

3　https://www.theatlantic.com/politics/archive/2016/06/who-will-grab-the-bernie-or-bust-and-the-never-trump-vote/486254/

些外国人是为了换取与希拉里以及美国国务院接触的机会才捐款的。这种指控源于维基解密公布的信息，而这些信息是由俄罗斯黑客提供的。[1] 特朗普辩称，希拉里应该被逮捕，她在担任国务卿期间使用私人电邮服务器，这是不可饶恕的。当联邦调查局宣布，不建议就"邮件门"事件起诉希拉里的时候，特朗普发推文称："这非常非常不公平！"[2]特朗普一再强调，希拉里不是一个公平的人。

在可能引发选民唾弃希拉里的所有攻击中，最荒谬的攻击或许就是称她不够格，没有资格成为美国总统。特朗普的竞选团队一再强调，希拉里能够身居高位，获得政治权力，完全是沾她丈夫的光，或者说是搭她丈夫的便车。此外，特朗普声称，希拉里之所以能够成为总统候选人，是因为政治正确人士认为是时候选出一位女总统了。2016年4月，在接受采访时，特朗普第一次使用"骗子希拉里"这个词，还说"希拉里唯一可打的牌就是女性牌"。言外之意是，希拉里不够格，没有资格当美国总统，她竞选总统完全依靠性别的平权行动原则（affirmative action principle）。[3]

---

1 https://www.theguardian.com/world/2016/oct/27/wikileaks-bill-clinton-foundation-emails

2 https://twitter.com/realDonaldTrump/status/750352884106223616

3 Bordo (2017).

这太可笑了。正如奥巴马所说："我敢说，无论男人还是女人，没人比希拉里·克林顿更有资格当美国总统，我不行，比尔（克林顿）也不行。"[1] 正如我们在前面看到的，如果某人被认为得到了不配获得的好处，那也可能会引发恶意反应，这个人可能会遭到其他人的唾弃。特朗普称希拉里不配当总统，他的这种说辞也可能会导致希拉里遭到选民的唾弃。

*

如果说，在自由主义者面前，对希拉里来说最重要的是，不要让他们觉得她行事不公或者不重视公平，那么在特朗普的潜在选民面前，对希拉里来说最重要的就是，不要让他们觉得她自视清高。如果别人认为你比他们拥有更多，无论是更多的金钱、道德或社会地位，你都可能引发反支配性恶意。

对于特朗普支持者来说，攻击希拉里，说她认为自己比普通人高贵并不是难事，因为他们有大量的材料可以利用。事实上，在特朗普2016年使用"骗子希拉里"这个绰号之前，他们对希拉里的攻击往往集中在希拉里"炫耀美德

1　https://www.vox.com/2016/7/27/12306702/democratic-convention-obama-hillary-clinton-bill-qualified

和道德优越感"这一方面。[1]

其中一个例子是，希拉里曾说她不会选择待在家里烤饼干。据报道，在1992年，她曾说："我想我本可以待在家里烤烤饼干、喝喝茶，但我决定要实现自己的职业抱负。"希拉里的这句话之所以引起轩然大波，是因为记者的报道让女性觉得希拉里认为自己比她们好。正如一位选民所说："我已经准备喜欢她了。现在不行了，听她说那句话之后……她显然不尊重我的工作。"[2]希拉里的这句话会被反复提起，在2016年总统大选期间也是如此。虽然碧昂斯(Beyoncé)通过引用这句话来鼓励人们投票给希拉里，[3]但其他人引用这句话则主要是为了诋毁希拉里，说她看不起家庭妇女。但其实这是媒体在断章取义，事实上，在说了我决定要实现自己的职业抱负这句话后，希拉里接着说，通过这样做，她想让女性拥有选择她们想做的事情的权利。媒体并没有报道后面这句话，因为他们想要的是引起民众的愤怒。显然，他们成功了。

另一个例子同样是源自1992年的一件事，当被问及她丈夫的不忠行为时，希拉里说："我不是作为一个丈夫身边

1 Ibid.

2 https://www.news.com.au/finance/work/leaders/the-moment-still- haunting-hillary-clinton-24-years-later/news-story/57ee06c9ca156a8 2339802987a938380

3 https://time.com/4559565/hillary-clinton-beyonce-cookies-teas- comment/

的小女人坐在这儿的，就像塔米·怀内特 (Tammy Wynette)。"她指的是像塔米·怀内特的那首歌"站在你的男人一边"(Stand by Your Man) 里唱的那样，而不是指歌手塔米·怀内特本人。尽管如此，怀内特还是对此耿耿于怀，在媒体上回应说："我可以向你保证，尽管你受过很多教育，但你会发现我和你一样聪明。"[1] 听到这番话时，希拉里只是翻了个白眼，拍了拍脑袋，她的这种反应并没有起什么作用。

特朗普竞选团队还可以利用最新的资料，来诋毁希拉里，声称她高高在上、自以为在道德上高人一等。希拉里在高盛的演讲稿被泄露，内容显示希拉里对银行家们说："你们是最聪明的人。"[2] 然而，到目前为止，最令人震惊的例子也是对希拉里来说后果最严重的，可能就是她的"可悲之人"那句话。2016年9月，在一个私人筹款场合，希拉里说："你可以把特朗普半数支持者归到我称之为'一箩筐可悲之人'那一类……他们是种族主义者、性别歧视者、恐惧同性恋者、排外者，如此种种。"

关于这个问题，我们坦率地谈两点。首先，我们可以就这个箩筐的大小进行争论，但我们不能说这个箩筐根本

---

1 Bordo (2017).

2 https://www.theguardian.com/us-news/2016/oct/16/wikileaks- hillary-clinton-wall-street-goldman-sachs-speeches

不存在。在2017年，希拉里的《何以致败》(What Happened，又译为《发生了什么》)一书出版，她用统计数据为自己的言论辩护，其中包括2016年的一项调查研究。该研究表明，相比于民主党白人选民，共和党白人选民持有更多种族主义观点。[1] 后来也有研究表明，这些"主义"(-isms)与特朗普的某些选民有一定关联，我将在第七章讨论这一点。其次，我们都知道，在竞选期间，某些真话是不能说的。希拉里的那句"可悲之人"有多大影响，这很难量化。海特认为，它"很可能改变了人类历史的进程"。[2] 至少，这句话似乎确实导致了某些选民对她的恶意攻击。

媒体和特朗普竞选团队还利用"行善者贬损"，促使人们唾弃希拉里。在希拉里是美国第一夫人的时候，媒体就嘲讽她为"圣人希拉里"(Saint Hillary)。[3] 在2016年，她的身份政治和权利运动有可能让选民认为她比他们高尚，这也可能引发恶意反应。

这就引出了一个问题，在积极行动和做正确的事情的同时，行动者或行善者如何将"行善者贬损"降到最低限度。答案是，行善者可能无法做到这一点，他们可

---

1 Clinton, H. R. (2017) *What happened*. New York, NY: Simon and Schuster, 413.

2 https://www.wsj.com/articles/jonathan-haidt-on-the-cultural-roots-of-campus-rage-1491000676

3 Bordo (2017).

能不得不为了自己的信息而殉道。如果你让人们将送信人灭口，他们就不会那么迫切地想要烧掉送信人带来的信息。[1]

我们能容忍具有挑战性的信息，但不能容忍它们的信使。这个有趣的观点来自一项关于素食主义的研究。在这项研究中，参与者被分成两组。一组参与者被要求反思一下素食主义者会如何看待他们，这让他们感受到被素食主义者评判的潜在威胁。然后，研究人员让这组参与者给素食主义者打分，在善良、肮脏和愚蠢方面对素食主义者进行评价。另一组参与者则是先给素食主义者打分，然后再反思素食主义者会如何看待他们。最后，研究人员询问两组参与者，让他们说说对吃肉的看法。

不出所料，先反思（感受到被素食主义者评判的潜在威胁）的那一组参与者更不喜欢素食主义者，更可能给素食主义者打低分。然而，令人惊讶的是，在回答研究人员的问题时，他们对吃肉的支持度更低。相比之下，另一组参与者（先打分后反思，给素食主义者打分较高的那一组参与者）对吃肉的支持度更高一些。这表明，让人们对行善者进行负面评价，可能促进人们接受其信息。杀掉信使，将其钉在十字架上或者使其败选，都可

1　Minson and Monin (2012).

能会促进人们接受其传达的信息。但是，并非所有的信使都会因此而感到安慰。

到2016年美国总统大选结束时，包括特朗普、桑德斯、弗拉基米尔·普京 (vladimir putin) 在内的众多参与者，都在将希拉里刻画成违背公平规范的人。特朗普的竞选团队还将希拉里刻画成一个自视甚高的人，说她认为自己在道德和社会地位上远远胜过普通选民。此外，希拉里的支持者纷纷站出来告诉选民，"你们别无选择，必须投票给希拉里"。这些因素都有可能促使选民泄愤式投票——为了唾弃希拉里而将票投给特朗普。

*

反对希拉里的这股力量并不是美国独有的。在世界各地，民粹主义者都在宣扬他们支持普通公民的利益，反对精英阶层。[1]支持民粹主义候选人的那些选民，大多是为了自身利益。他们相信民粹主义者会让他们的生活变得更好。但正如我们所看到的，有潜在影响的一小部分选民支持民粹主义候选人，主要是为了唾弃精英，而不是为了自身利益。这些人要么把伤害或惩罚精英看得比他们自身的经济利益更重要，要么认为"夺回控制权"比眼前的经济

---

1 Guiso, L., Herrera, H., Morelli, M., *et al.* (2017) 'Demand and supply of populism', CEPR Discussion Paper, No. 11871, Centre for Economic Policy Research, London.

利益更重要。克罗基特认为,"我们在世界各地看到的民粹主义的兴起,就像是一种全球性的大规模、社会层面的最后通牒博弈"。[1] 正如她所指出的,英国脱欧也是这种博弈的一个例子。

在2016年的英国脱欧公投中,有52%的英国选民投票支持离开欧盟。许多欧洲政界人士认为,这对英国和欧洲来说是双输的结果。[2] 因此,至少有一小部分人投票支持脱欧,可能是为了泄愤或唾弃精英。在英国脱欧公投期间,政治家们似乎意识到怨恨会抬头。保守党首相戴维·卡梅伦(David Cameron)和苏格兰民族党领导人尼古拉·斯特金(Nicola Sturgeon)都表示担心,人们会投票支持脱欧,以此来表达对他们的不满。斯特金明确敦促选民,"别因一时恼怒害了自己。不要将你对未来的决定,建立在你可能有的抱怨或不满之上"。卡梅伦的担忧,可能源于他的"可悲之人"时刻。他曾经将独立党支持者称为"疯子"(fruitcakes)、"怪物"(loonies)和"隐秘的种族主义者"。[3] 尽管这是他在10年前说的一句话,但人们并没有忘记。

一些选民的不满不仅针对英国国内的政客。长期以

1 https://www.youtube.com/watch?v=3z3UoO8JdOo

2 https://uk.ambafrance.org/Brexit-Ball-is-in-UK-s-court-on-Irish-border-issue-says-Minister

3 https://www.theguardian.com/politics/2006/apr/04/conservatives.uk

来，英国媒体一直在煽动英国人对欧洲政客表示不满。1990年，一家英国小报刊登了一篇文章，标题为"去你的，德洛尔"(Up Yours, Delors)，表达了对时任欧盟委员会主席雅克·德洛尔(Jacques Delors)的某些提议的不满，文章作者认为这些提议威胁了英国自主权。

毫无疑问，某些选民想通过投票支持脱欧，来伤害或惩罚他们眼里的英国和欧洲政界精英。为了避免这种情况，留欧派一直在恳求选民关注自身的经济利益。留欧派不断强调，脱离欧洲将使英国经济遭受重创。卡梅伦声称，"脱欧会给我们的经济埋下一颗炸弹"。[1] 财政大臣乔治·奥斯本(George Osborne)一再警告说，脱欧将导致失业率上升和税收增加。英格兰银行行长马克·卡尼(Mark Carney)警告说，脱欧可能导致"英国经济衰退"。留欧派的口号是"更强大、更安全、生活更好"(Stronger, Safer and Better Off)。所有这些都相当于在向选民强调，投票脱欧以伤害精英阶层将是一种高代价惩罚。然而，正如我们所看到的，人们非常愿意这么做。

脱欧派竭尽全力地煽动人们对留欧派的恨意。首先，它放大了欧盟对英国不公平的说法。欧盟不允许英国制定

---

1 https://www.theguardian.com/politics/2016/jun/06/david-cameron-brexit-would-detonate-bomb-under-uk-economy

自己的法律，相反，布鲁塞尔的欧盟"非民选官僚"决定着英国的命运。欧盟不允许英国控制自己的边境，因此，英国人面临着大批移民的涌入。那些移民会对他们造成威胁，抢走他们的工作，摧毁他们的医疗服务系统。[1] 正如我们所看到的，当人们觉得公平规范被违反，在反支配性恶意的驱使下，他们会惩罚违规者，让违规者付出代价，即使这对他们个人来说也是有代价的。当然，脱欧派也注重自利动机，他们的口号是"让我们夺回控制权"(Let's Take Back Control)。英国独立党强调："我们要夺回我们的国家。"(We Want Our Country Back.) 这强调即使脱欧将给英国经济带来损失，在自由上的获益也会抵消这一损失。事实上，通过让人们感到自由和自主性受到威胁，脱欧派能够触发"勇敢的心效应"。

为了引发反支配性恶意，脱欧派不仅能够将欧盟描述为对英国不公平，还能够将留在欧盟描述为违背了一种神圣价值：英国是一个光荣的、注重独立的国家。这是丘吉尔的国家，一个曾在海滩上战斗和在敌人登陆地点作战的国家，一个曾在田野和街头作战的国家，一个决不投降、决不屈服的国家。正如我们将在第七章中看到的，"神圣价

---

1 https://www.telegraph.co.uk/news/2016/06/04/nigel-farage-migrants-could-pose-sex-attack-threat-to-britain/

值"的激活意味着（对英国人来说）脱欧选择现在离开了成本收益分析的领域。不管后果如何，脱欧成了一个人的责任。众所周知，英格兰期盼人人都恪尽其责。

脱欧派还将留欧派描述为——自视甚高、认为自己比普通选民更优秀，这有助于在选民中引发反支配性恶意。脱欧运动期间，脱欧派的代表人物奈杰尔·法拉奇（Nigel Farage）多次提到，威斯敏斯特精英（Westminster elite）看不起普通英国人。留欧支持者的某些言论也无助于消除这种看法。工党的留欧运动主席说，"我们是理性的人，脱欧派，在这方面是极端分子"，并补充说："脱欧派表现出某种不理性的心态。"[1] 留欧派让人们觉得，考虑投脱欧票的人像白痴一样。[2] 这又是个"一箩筐可悲之人"的例子。

事实上，脱欧公投结束后，法拉奇声称："留欧派让人觉得，投票支持英国脱欧的那些人，却并不知道他们投票支持的是什么——我们愚蠢，我们无知，我们是种族主义者。这给人们一种感觉，相较于投脱欧票的那些人，投留欧票的那些人有一种道德优越感……他们真的认为，他们

---

1 https://www.ft.com/content/3432b77e-16a1-11e6-9d98-00386a18e39d

2 https://www.telegraph.co.uk/opinion/2016/03/17/why-am-i-considered-a-bigot-or-an-idiot-for-wanting-britain-to-l/

比脱欧支持者好得多。"[1] 脱欧支持者或许想通过投脱欧票来唾弃他们，挫一挫他们的傲气。投脱欧票，也可以打击一下那些坚持认为英国最好还是留在欧盟的专家。正是在脱欧公投期间，迈克尔·戈夫（Michael Gove）直言不讳地说"这个国家的民众已经受够了专家"。[2] 这是对我们这个时代的反支配性恶意的最好表述。

当选民进入投票站，脱欧派已经为泄愤式投票铺平道路。一些选民会觉得他们面临着以下困境：留在欧盟，获得一些经济利益，但违背了英国人的神圣价值，看着自鸣得意的精英们庆祝，失去了自主权。当留在欧盟这个选项被这样解读时，一些选民泄愤式投票就不足为奇了。

但是，投票支持脱欧的选民当中，也许没有人预期（脱欧后）经济会变得更糟，因此没有人真的泄愤式投票。对于这一说法，我们可以从两个方面来加以反驳，一个来自数据，另一个来自心理学。在数据方面，在公投前几天，民意调查显示，在打算投脱欧票的选民当中，有一小部分人认为，

1 https://www.politico.eu/article/nigel-farage-on-brexit-remainers-they-think-we-are-thick-stupid-ignorant-racist-european-parliament-election-uk/

2 https://www.ft.com/content/3be49734-29cb-11e6-83e4-abc22d5d108c

如果英国脱离欧盟，英国的经济会更糟糕。[1] 在打算投脱欧票的选民当中，有4%的人是这样认为的：如果他们改投留欧票，英国可能就仍会留在欧盟。从心理学的角度来看，在打算投脱欧票的选民当中，可能有超过4%的人最初认为脱欧会对英国的经济造成明显损害。我们会改变看法，使我们的看法与行动一致。在决定投脱欧票之后，某些选民可能已经改变了有关脱欧对英国经济影响的看法，以使他们的新立场看起来更合理。

这4%的选民（认为脱欧会使英国经济变得更糟但仍决定投脱欧票的选民），虽然人数不多，只是一小部分，但他们对公投的结果却很重要。他们的这种投票，还向我们展示了关于恶意的其他重要信息。这一小部分选民可能更看重"夺回控制权"，认为这比他们将遭受的经济损失更重要。当欧洲政客将英国脱欧描述为"双输"时，他们指的是经济结果。他们低估了自由（对投脱欧票的某些选民）的重要性以及那些选民准备为此付出的经济代价。他们也低估了反支配情绪的快乐，比如感受到公正以及幸灾乐祸的快乐。那么，对于这4%的选民来说，他们从投脱欧票中获得的非经济方面的好处，能够抵消他们的经济损失吗？这是否给他们带来了净收益，如果从总

1   https://d25d2506sfb94s.cloudfront.net/cumulus_uploads/document/atmwrgevvj/
TimesResults_160622_EVEOFPOLL.pdf

体上说，投脱欧票能够给他们带来收益，那么他们的投票（支持脱欧）是否就成了一种自私而非恶意行为？这是我们可以回答的问题吗？

投脱欧票的某些选民，如果他们是在知道会有经济损失的情况下仍选择投票支持脱欧，他们的行为就是一种弱的恶意。如果他们认为脱离欧盟的束缚后所获得的自由（好处）确实能够抵消他们的经济损失，那么他们的行为就是一种自私而非恶意行为。相反，如果他们从投脱欧票中获得的好处是情绪上的（那种"幸灾乐祸"的快乐），这是对经济损失的唯一补偿，那么他们的行为就是一种高代价惩罚，因此是一种恶意行为。如前所述，我的观点是，在投脱欧票的选民当中，至少有一些人是出于泄愤或者恶意而投票的。然而，最终，我们又回到了前言中的问题：谁能决定一种行为是否为高代价、恶意的？投脱欧票的选民，他们的选择可能会被留欧派（不赞成脱欧并试图诋毁脱欧支持者）贴上恶意的标签。"恶意"一词，可能被用来做某事（如指责别人），而不是被当作一个描述性的词汇。一切都是政治性的，甚至包括"什么是恶意"这一问题。

*

一个值得思考的问题是，与历史上其他时期相比，如今的"恶意—选民"(spite-voters)是否更为普遍。俄裔美国科学家彼得·图尔钦(Peter Turchin)的结构人口学理论(Structural-Demographic Theory)为我们提供了一种思考这个问题的方法,[1]该理论认为社会的兴衰周期约为200年。通过历史分析,在包括法国、中国和美国在内的各种社会中,图尔钦都发现了这种模式。他认为,在20世纪70年代末,美国进入了一个衰落期——他称之为"不和谐的时代"(age of discord)。图尔钦认为,这种衰落是由三个因素造成的。

第一个因素就是民众或底层平民的影响。由于移民、女性进入职场、制造业活动外包给其他国家等因素,美国的劳动力供过于求。这导致平民的工资和生活水平下降,美国男性劳动者的实际工资甚至低于40年前的水平。这引发了部分人强烈不满。这种状况是社会动荡的必要条件,但这还不足以引发动荡,还需要一个额外的因素。图尔钦认为,"精英生产过剩"(elite overproduction)是引发动荡的一个必要条件。

在一个社会中,当劳动者工资很低,雇主和有权力的人开始赚越来越多的钱时,就会出现精英生产过剩。越来

---

1 Turchin, P. (2003) *Historical dynamics: Why states rise and fall.* Princeton, NJ: Princeton University Press.

越多的人想要成为社会精英，跻身精英阶层，但精英职位（如总统、国会议员和最高法院法官）的数量有限。精英们之间就会出现竞争和派系斗争。

一群新的"反精英"（counter-elite）群体可能会随之出现。为了争得权力，他们可能会动员民众反对统治精英，通过这种途径来获得权力。特朗普的胜利，不仅仅是由于美国"铁锈带"（Rust Belt）白人男性的不满。如果面对一个统一的精英阶层，这个群体（"铁锈带"白人男性）的任何起义都会失败。2016年，特朗普动员民众反对民主党精英，将他们赶下台。颠覆了选举的不是那些"可悲之人"，而是那些"受挫的、未能跻身精英阶层的'精英'"。图尔钦认为，这种状况可能导致政治暴力、内战和革命。若要解决这个根本问题，最好的方法是纠正劳动力供过于求的问题。人们需要工作，竞争可能会带来重大突破，创造效率，但我们必须意识到，竞争也可能引发怨恨和反抗。

*

在本章结束前，我们探讨一下隐藏信息，沿着已知的路径再往前走一点，推测一下我们讨论过的那些研究的潜在政治含义。在本书第三章，我曾提到，有研究表明血清素水平的升高与实施高代价惩罚（付出代价惩罚行事不公者）的意愿降低相关。在我们的社会中，有很多人服用可以改变血清素水平的药物。值得反思的是，这类药物对政治生活会有什么影响？

我们从一种显而易见的药物开始：用于治疗抑郁症的选择性5-羟色胺再摄取抑制剂 (SSRI) 类药物，如百忧解 (商品名 Prozac, 学名为 fluoxetine, 氟西汀)、喜普妙 (商品名 Celexa, 学名为 citalopram, 西酞普兰) 和左洛复 (商品名 Zoloft, 学名为 sertraline, 盐酸舍曲林)。根据定义，这类抗抑郁药会引起体内血清素水平升高。对于重度抑郁症患者来说，这类抗抑郁药是可以产生显著疗效的。然而，对于轻度或中度抑郁症患者来说，与安慰剂相比，抗抑郁药的疗效是微乎其微或不存在的。[1]因此，在使用抗抑郁药的那些人当中，有些人似乎并没有获得益处，但可能在承受这类药的副作用。[2]它的副作用可能包括性功能障碍、情感钝化和自杀倾向。然而，它是否还有另一种副作用：人们为抗议不公平而付出个人代价的意愿是否会因服用抗抑郁药而降低？

---

1 Fournier, J. C., DeRubeis, R. J., Hollon, S. D., et al. (2010) 'Antidepressant drug effects and depression severity: A patient - level meta - analysis', JAMA, 303 (1), 47–53. 显然，如果你正在服用抗抑郁药并决定停止使用，你应该咨询医疗专业人员，与他们一起做这个决定。

2 Read, J., Cartwright, C. and Gibson, K. (2014) 'Adverse emotional and interpersonal effects reported by 1829 New Zealanders while taking antidepressants', *Psychiatry Research*, 216 (1), 67–73.

如果是这样，那么这种副作用可能会很普遍，足以产生显著的社会影响。在2011年至2014年期间，美国在12岁及以上的人群中，大约有13%的人报告在过去一个月服用过抗抑郁药。[1] 英国人口约为5600万，在2018年，抗抑郁药物处方量达7100万份。[2] 抗抑郁药物通过提高血清素水平，是否会使人变得不太愿意实施高代价惩罚，更愿意接受不公平？对于社会而言，这类药物的全部代价是什么？

与避孕有关的药物也可能影响血清素水平，有很多女性在使用这类药物。在2015年至2017年间，美国有8%的育龄女性使用口服避孕药，另有7%的育龄女性使用长效可逆避孕药具，包括避孕植入物和宫内节育器。[3] 避孕药如何影

1　https://www.cdc.gov/nchs/data/databriefs/db283.pdf

2　Iacobucci, G. (2019) 'NHS prescribed record number of antidepres-sants last year', *BMJ*, 364, l1508.

3　https://www.cdc.gov/nchs/data/databriefs/db327-h.pdf

响血清素水平，这是个有点复杂的问题。复方口服避孕药含有雌激素和孕激素，它们对血清素水平有相反的影响，分别导致血清素水平升高和降低。[1] 但无论迷你药丸 (mini-pill, 仅含孕激素的避孕药)，还是只释放孕激素的宫内节育器 (比如曼月乐, Mirena coil)，都会降低血清素水平。从理论上讲，这可能会增加女性对不公平的愤怒。避孕药的潜在解放 (令人感到自由的) 作用，可能比我们所知道的更大。

在本章结尾，尽管我进行了一些推测，但不可否认的是，恶意或泄愤会对政治生活产生显著影响。在下一章中，我们转向另一个领域，与神圣或宗教有关的领域，分析一下恶意或泄愤与这个领域的关系。

1 Del Río, J. P., Alliende, M. I., Molina, N., *et al.* (2018) 'Steroid hormones and their action in women's brains: The importance of hormonal balance', *Frontiers in Public Health*, 6, 141.

第七章

恶意与神圣

共患难是促进人们建立认同融
合的有力方式。这会增加人们为彼
此牺牲的意愿。仅仅记住共同的苦
难，就能促进认同融合。

保罗教导罗马教会的信徒"不要自己伸冤…… 因为经上记着：'主说，伸冤在我，我必报应'"。[1] 两千年后，有人表达了类似的思想。在电影《低俗小说》(Pulp Fiction) 中，塞缪尔·杰克逊 (Samuel L. Jackson) 饰演的朱尔斯 (Jules)，就引用了先知以西结 (Ezekiel) 的一句话："我报复他们的时候，他们就知道我是耶和华。"[2] 保罗和朱尔斯在对这一信息的表述上，虽然表述方式有所不同，但他们的话传达了这样一种思想，即复仇是从天而降的。为什么会出现这种想法？人们会不会因为担心遭到报复以及实施第二方"高代价惩罚"不会被尊重，而不愿意实施惩罚或者恶意对待他人，于是将其 (惩罚这件事) 外包给了神灵？让上帝来实施惩罚是一种低代价的恶意形式吗？

大多数人都相信神灵，仅基督徒和伊斯兰教信众就占世界人口的55%。[3] 关于神，不同地区的人们有不同的看法。但人们普遍相信神是一种至高存在，他知道我们做了什么，他知道是非，他会因我们的过犯而惩罚我们。[4]

---

1   Romans 12:19.

2   Specifically, Ezekiel 25:17.

3   https://www.pewresearch.org/fact-tank/2017/04/05/christians-remain-worlds-largest-religious-group-but-they-are-declining-in-europe/

4   Laurin, K. (2017) 'Belief in God: A cultural adaptation with important side effects', *Current Directions in Psychological Science*, 26 (5), 458–63; Laurin, K., Shariff, A. F., Henrich, J., *et al.* (2012) 'Outsourcing punishment to God: Beliefs in divine control reduce earthly punishment', *Proceedings of the Royal Society B: Biological Sciences*, 279 (1741), 3272–3281.

在人类历史上的一个特定时期，相信这样一种至高的存在对人类来说可能会特别有用。进入农业社会后，人们生活在更大的群体中，惩罚他人的代价也显著增加了。相比于狩猎采集部落中的成员，农业社会中的人们可以积累更多的个人财富和权力。他们不甘心接受别人的惩罚，对于任何惩罚，他们都可以进行强力的反击或报复。狩猎采集部落或小群体中的促进合作机制，在人数众多的大型社会中不再有效。在大型社会中，人们需要一种新的机制来促进合作。遗传进化不可能在这么短的时间内（从人类的进化史来看，从狩猎采集社会到农业社会是一个相对短暂的时期）为人们提供这种机制，所以人们只能依靠社会文化。人们需要创建一个权威来实施惩罚，这个权威可能是一个世俗机构，也可能是一个超凡脱俗的神灵。[1]

心理学家克里斯汀·劳林（Kristin Laurin）认为，惩罚不公平行事者对我们来说可能代价很高，所以我们发明了一个神，让神来替我们实施惩罚。劳林指出，神灵"最有可能出现在大型社会或者资源匮乏的社会。也就是说，在这两种类型的社会中，人们最有可能相信神。因为在这两种社会中，成员之间的合作是非常重要的，特别需要一种机制来

1　Laurin (2017); Laurin *et al.* (2012).

约束他们"。[1] 但是，你如何让有权势的人相信一个不喜欢他们的神呢？

正如劳林及其同事所指出的，主要的宗教都有办法让人们相信神灵的存在。它们可以利用人们的心理认知偏差，比如我们倾向于在偶然事件背后发现某种智慧。各种宗教都会让信徒举行昂贵的仪式，向其他人表明他们是真的相信。

有一系列研究表明，在大型社会中，神或上帝的作用是提供低代价的惩罚（人们相信上帝会施行惩罚），从而起到促进合作的作用。[2] 在一个社会或群体中，成员们越是相信有施行惩罚的神或上帝存在，他们就越遵守社会规范。人们对神的敬畏，可能超过对其他人或世人的敬畏。越是相信神灵以及天堂和地狱等概念，你就越不会违反社会规范；越是相信上帝会施行惩罚，你就越不会在考试中作弊，就越不会参与高代价惩罚。然而，要看到这些效果，人们在做任何事之前都需要得到提醒——记住自己的宗教信仰。在笃信宗教的社会中，这种提醒无处不在。

宗教可以被视为一种工具，除了作为传送反支配性恶意的低代价方式，还可以用于支配性恶意。尼采认为，基

1　Laurin *et al.* (2012).

2　Ibid.

督教是一种支配机制。基督教的道德体系，是俯就卑微的人。温柔的人有福了，在前的将要在后了。尼采称之为"奴隶道德"(slave morality)。在这里，我们可能会想起兰厄姆所说的"弱者的暴政"，如本书第二章中提到的。然而，尼采认为，基督教的奴隶道德不仅仅是要把"伟大的人"拉下来，而是要扭转社会等级，反败为胜。它不寻求平等，而是寻求确立新的主人，让弱者和温柔的人成为强者和伟大的人。

复仇是神的职责（伸冤在主，主必报应）这一思想，并不是所有信徒都赞同的。最突出的例子是准备付出最大代价来伤害他人的人：出于宗教目的的自杀式炸弹袭击者。正如我们所看到的，虽然有很多人会恶意行事，但值得庆幸的是，自杀式炸弹袭击者相对罕见。自杀式炸弹袭击，对自己和他人而言，涉及的代价都太大了，所以大多数人都不敢采取这样的行动。[1] 然而，并不是每个人都会被吓退。

在过去的三十多年里，这样的自杀式炸弹袭击事件，大约有3500起。[2] 从日常的恶意到自杀式炸弹袭击，我们能否可以绘制出一条路径？如果能的话，是什么把这些自杀式炸弹袭击者推到了悬崖边缘？在开始讨论这个问题之

---

1 Reeve, Z. (2019) 'Terrorism as parochial altruism: Experimental evidence', *Terrorism and Political Violence*, 1–24.

2 McCauley, C. (2014) 'How many suicide terrorists are suicidal?', *Behavioral and Brain Sciences*, 37 (4), 373–374.

前，我们应该搞明白为什么有人会这样做并不是纵容它。自杀式炸弹袭击者，或许有他们行动的理由，我们可以承认这一点，但同时仍然不同意他们的推理，并强烈谴责他们的行动。

自杀式炸弹袭击者不仅仅是房间里最恶意的人。如果恶意与另一个要素结合在一起，就可能是极其危险的。令人惊讶的是，这个要素是利他主义。[1] 恐怖分子和普通罪犯的区别在于，前者更有可能相信自己的行动是利他的。[2] 这具有有趣的含义。如果自杀式炸弹袭击被证明是扭曲的"亲社会"行为，我们可能会想知道，恐怖组织是如何实现这种结果的，同样的知识是否可以被用来更广泛地促进真正的亲社会行为？这种知识是否可以帮助我们拯救世界，而不是把它炸毁？

*

关于自杀式炸弹袭击者，在阐明他们的行为之前，我们需要先把一些常见的假设撇开。他们通常没有精神疾

1 Eswaran, M. and Neary, H. M. (2018) 'Decentralized terrorism and social identity', Microeconomics.ca working paper, https://ideas.repec. org/p/ubc/pmicro/tina_marandola-2018-4.html

2 LaFree, G. and Dugan, L. (2004) 'How does studying terrorism compare to studying crime?', in M. Deflem (ed.), *Terrorism and counter-terrorism: Criminological perspectives* (Sociology of Crime, Law and Deviance, vol. 5) (pp. 53–74). Bingley: Emerald.

病，也没有自杀倾向。[1] 他们通常不是来自那种使人容易被洗脑的破碎家庭，也不愚蠢。如果说有什么不同的话，那就是自杀式炸弹袭击者往往比普通人受过更好的教育，并且来自更优越的环境，[2] 尽管自21世纪初以来，情况似乎确实发生了一些变化。[3] 然而，我们需要找到他们行为背后的原因，而不是将其归因于大脑受损。

如果恶意在自杀式炸弹袭击中起作用，那么我们首先需要弄清楚是什么类型的恶意在起作用？是本书第二章中所述的反支配性恶意，还是第三章中所述的支配性恶意？自杀式炸弹袭击，似乎不太可能主要是由支配性恶意所驱动的。毕竟，如果你身亡了，你似乎很难获得相对于任何人的优势。尽管如此，某些自杀式炸弹袭击者是受过羞辱并且缺钱的人。他们可能将自杀式袭击视为挽救自尊、恢复个人和家庭荣誉，以及提高社会地位的一种方式。[4] 在自杀式炸弹袭击事件中，有一些袭击者似乎确实是"对荣誉极度渴求的"(ardent for some desperate glory) 年轻人。这是借用了威尔

1 McCauley (2014).

2 Qirko, H. N. (2009) 'Altruism in suicide terror organizations', *Zygon*, 44 (2), 289–322.

3 Atran, S. (2010) *Talking to the enemy: Faith, brotherhood, and the (un)making of terrorists*. New York: HarperCollins; Atran, S. (2016) 'The devoted actor: Unconditional commitment and intractable conflict across cultures', *Current Anthropology*, 57 (S13), S192–S203.

4 Jacques, K. and Taylor, P. J. (2008) 'Male and female suicide bombers: Different sexes, different reasons?', *Studies in Conflict & Terrorism*, 31 (4), 304–326.

弗雷德·欧文 (Wilfred Owen) 一首诗中的句子。

我们对地位的渴求是如此强烈，甚至会忘记我们需要活着才能从中受益，这似乎是一个进化上的小差错。然而，正如第四章中所述，从广义适合度这个概念来看，我们的行为即使会导致我们死掉，也有可能使我们的基因获益。我们的行为如果对我们的亲属有帮助，从而使我们的基因获得净收益，那么它们 (这种利他行为) 可能会被进化所选择。2008年，人类学家亚伦·布莱克韦尔 (Aaron Blackwell) 用广义适合度理论研究了巴勒斯坦的自杀式炸弹袭击者。[1] 据我所知，他的这篇研究论文是未经同行评议的，因此我们应该谨慎看待，但他的研究方法很有趣。布莱克韦尔报告说，根据广义适合度理论，来自中等收入家庭并且有许多兄弟姐妹 (而不是来自较小、较贫穷或较富裕家庭) 的男性自杀式炸弹袭击者，更有可能将他们通过自杀式袭击获得的报酬转化为更大的广义适合度。

布莱克韦尔指出，巴勒斯坦自杀式炸弹袭击者的人口统计学特征与他的模型预测的相符——他们是能通过这种袭击提高广义适合度的那类人。他们往往不是来自贫困家

1 Blackwell, A. D. (2008) 'Middle-class martyrs: Modeling the inclusive fitness outcomes of Palestinian suicide attack', https://www.research-gate.net/publication/323883656_Middle-class_martyrs_Modeling_the_inclusive_fitness_outcomes_of_Palestinian_suicide_attack

庭。他们通常受过大学教育或有工作，往往拥有更多的兄弟姐妹 (相比于巴勒斯坦的一般家庭，他们的家庭更大、兄弟姐妹更多)。演化能否在这个水平上如此精细地调整人们的行为，我是持怀疑态度的。我认为，选择压力 (或称为演化压力) 作用于自杀式炸弹袭击者至少要很长时间，如经过几代人，才有可能出现这样一种模式。尽管如此，布莱克韦尔的研究方法还是很新颖的，不失为一种检验理论的新方法。

*

除了广义适合度和地位渴求等因素之外，自杀式炸弹袭击者似乎更可能是由反支配性恶意所驱动的，这种反支配性恶意则是源于行为者感到公平原则被违背。自杀式炸弹袭击者通常不是被恐怖组织招募的，他们是自己要求加入的，[1] 不满或怨恨促使他们加入。任何恶意倾向都不会引发恐怖活动，除非他们认为自己深受冤屈。[2]

这些不满通常与不公平的事情有关。[3] 这种不公正对待不仅限于西方列强对中东土地的军事占领，也被认为与各种形式的羞辱有关。[4]

---

1 Jacques and Taylor (2008).

2 Eswaran and Neary (2018).

3 Ibid.

4 Stern, J. (2004) 'Beneath bombast and bombs, a caldron of humilia- tion', *Los Angeles Times*, 6 June.

不满或怨恨是恐怖主义产生的原因。为了说明这一点，我们有必要研究一下"9·11事件"的幕后策划者哈立德·谢赫·穆罕默德（Khalid Sheikh Mohammed，也被称为 KSM）最初打算在那一天做什么。正如"9·11事件"调查委员会报告（9/11 Commission Report）所述，KSM最初向本·拉登（Bin Laden）提出了一个计划，涉及劫持10 架飞机，[1] 其中9架飞机将撞向建筑物，这包括"9·11事件"中被袭击的建筑物，以及联邦调查局（FBI）和中央情报局（CIA）总部、加利福尼亚州最高的建筑物和核电站等目标。第10架飞机则由KSM亲自劫持，它将降落在美国的一个主要机场。KSM计划让劫机者杀掉飞机上所有的男性乘客并通知媒体，然后，他将发表反美演讲，谴责美国对以色列、菲律宾和阿拉伯世界专制政府的支持。如果这是你第一次得知该情况，那就值得思考一下原因。

不满或怨恨可能是由个人所受的不公正对待引起的，也可能是由群体所受的不公正对待引起的，或者两者兼而有之。人类学家和自杀式恐怖主义专家斯科特·阿特兰（Scott Atran）描述了一次采访经历。当时，他采访了一名想炸毁美国驻巴黎大使馆的年轻人。阿特兰问这名年轻人为什么想

---

1 https://www.9-11commission.gov/report/911Report.pdf

要这么做，他最初的回答是世界各地的伊斯兰教信徒受到压迫。阿特兰进一步追问"你为什么想要这么做？"这时，这位年轻人告诉他，有一天，他和妹妹一起走在巴黎的一条街上，他妹妹不小心撞到一个年长的法国人，那个法国人朝她吐了一口唾沫并称她为"肮脏的阿拉伯人"。"那时，我就知道了该怎么做"，年轻人说。[1]

再举一个例子，被媒体称为车臣"黑寡妇"的女性自杀式炸弹袭击者。[2]"黑寡妇"的首次袭击是在2000年，两名车臣妇女驾驶一辆装有炸药的卡车冲进俄罗斯特种部队的一个分队在车臣的哨站。从那时起，车臣叛乱分子制造的大多数自杀式袭击事件中都有车臣妇女的参与。2002年的莫斯科剧院人质事件是"黑寡妇"参与的最著名的一次事件，造成了100多人丧生。19名"黑寡妇"（穿着黑色长袍，身上绑着炸药的女性自杀式炸弹袭击者）出现在电视台拍摄的画面中，全世界的观众都看到了她们。[3]

正如心理学家安妮·斯帕克哈德 (Anne Speckhard) 和卡普

1   Atran, S. (2010, March 10) 'Hearing before the Subcommittee on Emerging Threats and Capabilities of the Committee on Armed Services. United States Senate, 111th Congress, Second Session', https://www.govinfo.gov/content/pkg/CHRG-111shrg63687/html/ CHRG-111shrg63687.htm

2   Speckhard, A. and Akhmedova, K. (2006) 'Black widows: The Chechen female suicide terrorists', in Y. Schweitzer (ed.), *Female suicide terrorists*. Tel Aviv: Jaffee Center for Strategic Studies.

3   Ibid.

塔·阿赫梅多娃 (Khapta Akhmedova) 所解释的，这些女性恐怖分子的行动的根源在于她们看到和遭受的来自俄罗斯的严重不公正对待。[1] 几乎每一个车臣女性恐怖分子，都曾有亲人在俄军的行动（从轰炸到"清洗"）中丧生。许多人看到自己的家人受到俄罗斯人的虐待或杀害，失去了儿子、丈夫和兄弟。

有一些解释否认这些车臣女性恐怖分子行动的根源在于真正的不满或怨恨。[2] 例如，有人声称这些妇女是在被绑架、强奸和下药之后被迫参加恐怖活动的。这种说法通常来自俄罗斯记者，[3] 然而，这种情况只是例外。这些妇女参加恐怖活动，大多是因为她们认为自己和家人受到了不公正对待。

违背公平规范的行为会引发恶意反应，但这还不足以触发自杀式袭击。只有当（比公平规范）更具威力的东西被违背，才有可能触发自杀式袭击。阿特兰认为，这个更具威力的东西是神圣价值。[4] 神圣价值是不可谈判的，巴勒斯坦难民返回权、耶路撒冷所有权等都属于神圣价值。

神圣价值的关键在于，人们为了捍卫它可以不顾风险

1　同247页注释2。

2　同247页注释2。

3　同247页注释2。

4　Atran, S. (2003) 'Genesis of suicide terrorism', *Science*, 299 (5612), 1534–1539.

或代价做出不合乎理性的事情。[1] 忠于神圣价值的人会不顾一切地做他们认为正确的事情，而不是权衡这个行动的成本和收益。[2] 从历史上看，温泉关战役中的斯巴达勇士、阿拉莫守军、日本神风特攻队和"9·11事件"中的恐怖分子，都是有关神圣价值的例子。[3] 忠于神圣价值是一个非常强大的刺激因素，可以使一个小的运动或行动取得成功，因为神圣价值有激发人们恶意行事的作用。

当暴力成为可能并且涉及神圣价值时，人们不再理性地思考，而是被道德情感的力量所驱使。在2011年，杰里米·金吉斯 (Jeremy Ginges) 和斯科特·阿特兰 (Scott Atran) 进行了一项以约旦河西岸的以色列定居者为研究对象的研究。研究人员询问这些定居者，能否接受拆除他们的定居点——与巴勒斯坦人达成的和平协议的一部分。[4] 研究人员问这些定居者是否愿意参与警戒和封锁街道时发现，他们是否愿意这样做取决于他们认为这样的抗议活动会有多成功，这是一个理性的选择。然而，他们参与暴力抗议的意愿则不

1   Atran, S. and Sheikh, H. (2015) 'Dangerous terrorists as devoted actors', in V. Zeigler-Hill, L. L. M. Welling and T. K. Shackelford (eds), *Evolutionary perspectives on social psychology* (pp. 401–416). Cham: Springer.

2   Atran (2003).

3   Ibid.

4   Ginges, J. and Atran, S. (2011) 'War as a moral imperative (not just practical politics by other means)', *Proceedings of the Royal Society B: Biological Sciences*, 27 (1720), 2930–2938.

取决于他们认为这会多有效，而取决于他们认为这在道德上有多正确。美国前副总统迪克·切尼（Dick Cheney）说，恐怖分子"没有道德感"。然而，阿特兰认为，"你不可能想要伤害或杀害大量的人……除非你对自己所做的事情有很深的道德德性（moral virtue）感"。[1]

神圣价值会导致我们在采取行动时不考虑成本和收益。通过（功能性磁共振成像扫描仪）观察大脑活动，研究人员发现了与上述观点相一致的证据。在思考神圣价值时，我们的大脑有非常不同的表现，不同于我们在思考非神圣价值时的表现。2019年，纳菲斯·哈米德（Nafees Hamid）及其同事进行了一项研究，招募了30名明确支持"虔诚军"（Lashkar-e-Taiba，与基地组织有关联的恐怖组织）的巴基斯坦男子作为被试者。[2] 研究人员让被试者分别考虑，是否愿意为神圣价值或非神圣价值而战斗或死亡，并实时观察被试者的大脑活动。他们发现，在考虑为神圣价值战斗和死亡时，被试者的背外侧前额叶皮层活动减弱。

在本书第二章，我们看到，背外侧前额叶皮层是大脑中与成本收益分析相关的脑区，它的活动与在最后通牒博

---

1 https://www.youtube.com/watch?v=7SFc1l62FJ4

2 Hamid, N., Pretus, C., Atran, S., *et al.* (2019) 'Neuroimaging "will to fight" for sacred values: an empirical case study with supporters of an Al Qaeda associate', *Royal Society Open Science*, 6 (6), 181585.

弈中拒绝接受低份额提议有关。哈米德及其同事发现，当被试者决定为捍卫神圣价值而采取暴力行动时，背外侧前额叶皮层的活动减弱，这表明被试者在此时是不会考虑成本收益的。对于被试者来说，捍卫神圣价值是"理所当然或毋庸置疑的事情"，是完全不用思考的。相比之下，当涉及非神圣价值时，被试者的这个脑区活动就会增强，因为他们需要权衡利弊，考虑是否值得为这些非神圣价值而采取暴力行动。

在后续研究中，哈米德及其同事发现，当被试者决定不愿意为捍卫某种价值而战斗或死亡时，他们的背外侧前额叶皮层与另一个脑区之间的沟通就会加强，这个脑区是腹内侧前额叶皮层（ventromedial prefrontal cortex, vmPFC）。[1] 它会考虑到所有因素对一个行动进行总体评估。[2] 就这里的例子而言，被试者的背外侧前额叶皮层似乎已经进行了成本收益分析并得出结论，为非神圣价值而战死是不值得的。然后，它就会把这个信息传递给大脑的评估中心（vmPFC）。然而，研究人员发现，当被试者决定为捍卫某种价值而战斗或死亡时，他们的背外侧前额叶皮层就不再与

1　Pretus, C., Hamid, N., Sheikh, H., *et al.* (2019) 'Ventromedial and dorsolateral prefrontal interactions underlie will to fight and die for a cause', *Social Cognitive and Affective Neuroscience*, 14 (6), 569–577.

2　Ibid.

大脑的评估中心沟通。简而言之，神圣价值带有一个"只管去做"的标签。

下一个问题是，如何让人们进行成本收益分析，认真考虑为某种价值而战死是否真的值得。在这项研究中，被试者决定是否愿意为某种价值而战死时，研究人员会告诉被试者，他们的同伴（其他被试者）是如何看待这个问题的。[1] 当他们被告知自己的同伴不那么热衷于为某种价值而战死时，他们会感到愤怒。尽管如此，他们也变得不愿意为这些价值（神圣价值和非神圣价值）而战死了。与此同时，他们的大脑中与成本收益分析相关的脑区（DlPFC）活动增强。他们的同伴让他们重新思考。

人们的神圣价值是不基于成本收益分析的，这意味着，在涉及神圣价值的问题上，我们无法收买他们。事实上，如果我们试图这样做，那么他们就会变得更不愿意妥协或谈判。2007年，研究人员以巴勒斯坦人和以色列人为被试者，考察了他们对一项假设的和平协议的反应，该协议涉及在神圣价值问题上的妥协（如巴勒斯坦人被要求放弃对东耶路撒冷的主权或他们的返回权）。[2] 然后，研究人员在完全相同的协议上附

---

1 Hamid *et al.* (2019).

2 Ginges, J., Atran, S., Medin, D., *et al.* (2007) 'Sacred bounds on rational resolution of violent political conflict', *Proceedings of the National Academy of Sciences*, 104 (18), 7357–7360.

加了额外的经济激励（如达成协议后，以色列每年向巴勒斯坦支付10亿美元，一直持续10年），并考察了被试者对此的反应。研究人员发现，在被试者认为这个协议违背神圣价值的情况下，在这个协议上附加金钱奖励，会使被试者更有可能反对它。附加金钱奖励使他们更加愤怒，更加愿意采取暴力行动来反对它。对于不认为这个协议违背神圣价值的被试者来说，附加金钱奖励就不会有这个作用。正如最后通牒博弈实验间接表明的，自杀式炸弹袭击不是能用钱解决的问题。如果忠于神圣价值的人认为不公正持续存在的话，就不可能给神圣的东西定价。

非神圣价值有时也会变得像神圣价值，社会排斥是促成这种情况的一个因素。神经科学家克拉拉·普雷图斯（Clara Pretus）和她的同事们进行了一项研究，考察了人们为神圣价值或非神圣价值而受苦的意愿，以及人们的大脑在做出这种决策时的反应。研究人员招募了38名被试者，这些被试者都是居住在巴塞罗那的摩洛哥裔青年男子，并且都声称他们将参与或采取暴力行动来捍卫圣战事业。[1] 研究人员让被试者玩一个名为"网络掷球"（Cyberball）的电脑游戏。在这个游戏中，被试者与另外几个玩家虚拟传球，另外几个

1   Pretus, C., Hamid, N., Sheikh, H., *et al.* (2018) 'Neural and behavioral correlates of sacred values and vulnerability to violent extremism', *Frontiers in Psychology*, 9, 2462.

玩家的掷球操作是电脑程序事先设定好的，这个游戏可以使被试者感到被接纳（其他玩家会经常把球传给被试者）或者被排斥（其他玩家很少把球传给被试者）。这个游戏的设计者曾在飞盘游戏中遭到同伴的排斥，并惊讶地意识到被排斥的感觉是如此糟糕，因此产生了设计这个游戏的想法。虽然"网络掷球"是一个很简单的游戏，但它可以使被试者感到被排斥，从而产生强烈的负面情绪。

普雷图斯和她的同事们发现，被试者很愿意为他们的神圣价值而战斗或死亡，无论他们在之前的"网络掷球"游戏中感到被接纳或被排斥。然而，在涉及非神圣价值的问题上，感到被排斥会使被试者更愿意为非神圣价值而战斗或死亡。对这些被试者来说，当感到被社会排斥时，他们更有可能像捍卫神圣价值一样捍卫非神圣价值。

这项研究还发现，当被试者感到被社会排斥时，他们的大脑对非神圣价值的反应就更加类似于对神圣价值的反应。普雷图斯和她的同事们发现，当被试者决定为神圣价值而战时，被试者的一个名为额下回 (inferior frontal gyrus) 的脑区活动增强。当被试者在思考为非神圣价值而战时，被试者的这个脑区就不那么活跃，38名被试者都是如此。然而，感到被社会排斥的被试者在思考为非神圣价值而战时，其

大脑的额下回 (相较于感到被社会接纳的被试者) 活跃度会更高。因此，让被试者感到被社会排斥，在思考为非神圣价值而战时，被试者的大脑额下回就会更活跃，类似于思考为神圣价值而战时的活跃度。

额下回的一个功能，是帮助人们做出基于规则的决策。[1] 它提取诸如"if this, then that"(如果符合某个条件则做某件事情)之类的信息。举个例子，当我们看到路标时，大脑的额下回就会被激活。[2] 在这种基于规则的决策中，成本和收益都不会被考虑在内。从这个意义上说，碰到违背神圣价值的事情，就像是看到一个让人恶意行事的路标，在被社会排斥的人看来，碰到违背非神圣价值的事情也是如此。

*

一旦他们认为某种价值 (无论是神圣的或非神圣的) 被违背，是什么导致他们进行这种最极端形式的高代价惩罚呢？正如我们所看到的，人们通常不愿意参与或实施高代价惩罚。在最后通牒博弈实验中，拒绝接受低份额提议并不

1 Berns, G. S., Bell, E., Capra, C. M., *et al.* (2012) 'The price of your soul: Neural evidence for the non-utilitarian representation of sacred values', *Philosophical Transactions of the Royal Society B: Biological Sciences*, 367 (1589), 754–762.

2 Souza, M. J., Donohue, S. E. and Bunge, S. A. (2009) 'Controlled retrieval and selection of action-relevant knowledge mediated by partially overlapping regions in left ventrolateral prefrontal cortex', *Neuroimage*, 46 (1), 299–307.

是很多人想要做的。如果有选择的话，他们更愿意采用代价较低的惩罚方式，如写一张纸条，通过这种方式来表达不满。

自杀式炸弹袭击者相信他们别无选择，暴力是唯一可能的解决办法。[1] 他们所属的恐怖组织，通过将他们的不满置于某种极端的思想体系之下，让他们产生这种看法。[2] 例如，巴德尔–迈因霍夫团伙让成员相信对话是不可能的，因为你不可能与建造奥斯威辛集中营的那一代人讲道理。

潜在的炸弹袭击者，如果将自杀式炸弹袭击视为唯一可能的解决办法且是正当的反应时，他们就有可能实施自杀式炸弹袭击。要做到这一点，他们的社区需要支持这种行动，或者至少认为，在殉教等特定情况下，这种行动是值得称赞的。[3]

回想一下斯科特·阿特兰与那个年轻人的对话，那个年轻人跟阿特兰说，他看到自己的妹妹在街上被人吐口水并遭到辱骂。阿特兰回答"种族歧视一直存在"，并想知道为什么他现在打算转向恐怖主义。"是的"，那个年轻人说，他承认歧视一直存在，"但圣战（jihad, 护教战争）以前并

---

1 Reeve (2019).

2 Ibid.

3 Pedahzur, A. (2004) 'Toward an analytical model of suicide terrorism– a comment', *Terrorism and Political Violence*, 16, 841–844.

不存在"。自杀式炸弹袭击者不仅需要意识到不公，还需要有一个强大的支持框架或信仰体系，将恶意视为一种正当的回应。

想想看，车臣的"黑寡妇"是怎么成为自杀式炸弹袭击者的。[1] 车臣人有为血亲复仇的传统，通常情况下，这是针对作恶者或他们的近亲采取的行动。然而，由于车臣战争极其残酷，造成大量车臣平民死亡，他们的复仇范围扩大了。但为什么要进行自杀式炸弹袭击呢？这不是大多数车臣人支持的。斯帕克哈德 (Speckhard) 和阿赫梅多娃 (Akhmedova) 认为，车臣社会正在接受一种宗教意识形态提供的急救，这种宗教意识形态允许自杀式炸弹袭击。[2]

关于这个世界是怎么运行的，我们都有一些基本的、未清楚说出的假设。[3] 我们假设世界是公正的、仁慈的和可预测的，同时想当然地认为我们和其他人都是善良的、有道德的、有能力的，理应得到好报。这样的假设赋予生活以意义，让我们在人生中感到安全。

当创伤性事件发生时，这些假设就会破灭，世界变成了一个冰冷的、可怕的和不可预测的地方。我们意识到坏

---

1   Speckhard and Akhmedova (2006).

2   Ibid.

3   Janoff-Bulman, R. (1992) *Shattered assumptions: Towards a new psychology of trauma*. New York, NY: Free Press.

事也会发生在好人身上，事实上，任何事情都有可能发生，我们不能再相信别人。我们以为自己不会受伤害，能够掌控自己的生活，但事实证明这是一种错觉。由此产生的焦虑可能是巨大的，人们需要一种应对方式。创伤性事件发生后，有些人会解离（即从现实脱离开来），有些人会滥用药物。但人们真正需要的是一个新的故事，来理解这个世界，去应对和重新生活。

在车臣社会中，这样的一个故事是由基于宗教的恐怖主义思想体系提供的，与车臣的血亲复仇传统产生了共鸣。[1] 正如斯帕克哈德和阿赫梅多娃所说，车臣的分离主义运动最初是不带有宗教色彩的运动，但在俄罗斯军事反应的推动下，他们接受了宣扬恐怖主义思想的宗教极端组织的帮助。正如约翰·罗伊特（John Reuter）所说，"车臣的自杀式炸弹袭击者"是绝望的，这使得他们被欺骗，成为虔诚的教徒。"[2]

*

潜在的炸弹袭击者，在感到不满或怨恨并确信炸弹袭击是一种必要和适当的反应后，还需要对他所代表的群体有足够的认同感，然后才会有动力实施这一行动。恐怖

---

[1] Speckhard and Akhmedova (2006).

[2] https://jamestown.org/wp-content/uploads/2011/01/Chechen_Report_FULL_01.pdf?x17103

分子可能是利他的，被认为是许多自杀式恐怖行动的驱动力。[1] 正如达尔文所写，如果两个群体发生冲突，胜利的关键在于，你的群体中有一个人显然对其他选择视而不见，愿意牺牲自己。[2]

如前所述，利他主义是指愿意自己承担代价以使他人受益，献血或捐钱给慈善机构都是利他主义行为。狭隘利他主义 (Parochial Altruism) 是指，愿意自己承担代价去伤害另一个群体，在这个过程中让自己所属的群体受益。狭隘利他主义，是一种恶意，被用于明确的利他目的。利他主义提升了恶意，使之成为潜在的武器。

想象一下，你正在玩下面的实验室游戏。[3] 你和一群人一起进入实验室，被分成两个团队，我们称之为"你队"和"他队"。实验员给你10张彩票并告诉你，在实验结束时会有抽奖，你可以赢得至多10美元的奖金。你最多可以在其中4张彩票上写上自己的名字，在剩余的彩票上可以写上自己所在团队的名字（"你队"）或另一个团队的名字（"他队"）。然后，你把彩票扔进一个帽子里。抽奖时，如果抽出的那张

1 Pape, R. A. (2006) *Dying to win: The strategic logic of suicide terrorism.* New York, NY: Random House; Qirko (2009).

2 Sheikh, H., Ginges, J. and Atran, S. (2013) 'Sacred values in the Israeli– Palestinian conflict: Resistance to social influence, temporal discount- ing and exit strategies', *Annals of the New York Academy of Sciences*, 1299, 11–24.

3 Reeve (2019).

彩票上面写着你的名字，你就可以独享这笔奖金；如果抽出的彩票上面写着"你队"，这笔奖金就归你队所有，你和团队的其他成员就可以分这笔奖金；如果那张彩票上面写着"他队"，这笔奖金就归他队所有。

在抽奖开始之前，你可以提高团队的中奖概率。然而，若要做到这一点，你就得做出自我牺牲，降低自己的中奖概率。你每撕掉1张带有你名字的彩票，实验员就会撕掉5张带有"他队"名字的彩票。这种行为显然会让你的团队受益，但对你个人来说是有代价的，这就是所谓的极端狭隘利他主义。你的利他行为只有利于你的团队，让你的团队受益。你准备撕掉的写有你名字的彩票越多，你所表现出的极端狭隘利他主义就越多。

社会支配倾向，反映了个体期望内群体优于和支配外群体的程度。如果你的社会支配倾向高，你就更可能有极端的狭隘利他行为。我们可以通过观察人们对一些陈述句（如"有些人比其他人更有价值""如果我们不那么关心所有社会群体的平等，这个国家会更好""若想出人头地，有时必须踩着其他群体往上爬"）的赞同程度，来衡量人们的社会支配倾向。[1]

---

1 Pratto, F., Sidanius, J., Stallworth, L. M., *et al.* (1994) 'Social dominance orientation: A personality variable predicting social and political atti- tudes', *Journal of Personality and Social Psychology*, 67 (4), 741–763.

社会支配倾向是从社会支配理论中衍生而来的。这一理论认为，在一个社会中，通过让人们认可某些群体比其他群体更好，可以将社会内部冲突的数量降到最低。然后，某个群体的优越性就会被视为一个显而易见的事实。这些"等级合法化的神话"(hierarchy-legitimising myths) 则证明社会群体间的资源分配不平等是合理的，如非裔美国人在美国遭受的极为恶劣的不公正对待。然而，"打破等级的神话"(hierarchy-busting myths) 也可能存在。这些思想体系明确地不把人们划分为不同的类别或群体，如旨在减少社会不平等的《世界人权宣言》(universal declaration of human rights)。

社会支配倾向较高的人往往更少关心他人，对社会项目的支持较少，对抗议活动的参与程度也较低。他们往往更支持政治和经济保守主义、民族主义、爱国主义、文化精英主义、种族主义和性别歧视，认可性侵害迷思[1](rape myth)，更有可能为暴力和非法行为辩护或卷入其中。[2] 政客可能会拉拢这样的群体，研究发现，社会支配倾向高的人

---

1   指社会上流传的关于性侵害事件的成因、性侵害加害者以及受害者特质的错误观念。——译者注

2   Ibid.; Lemieux, A. F. and Asal, V. H. (2010) 'Grievance, social domi- nance orientation, and authoritarianism in the choice and justification of terror versus protest', *Dynamics of Asymmetric Conflict*, 3 (3), 194–207.

更有可能支持特朗普担任总统。[1]

　　只有在个人与群体有密切关联的情况下，个人才有可能在极端狭隘利他主义的驱使下为群体利益行事。他们需要与他们的群体融合，这就是所谓的认同融合。我们之前看到，认同融合可以发生在个体之间，比如在双胞胎之间。然而，认同融合也可以发生在个体与群体之间，将个体与群体融为一体。由此产生的与群体的统一感，创造了一种不可战胜和共命运的感觉。[2]如果你与群体关系紧密并产生认同融合，那么群体受到的任何攻击或不公平对待，在你看来，都是对你的攻击。你感到自己与群体的认同融合越紧密，你就越有可能为它而战，甚至牺牲生命。[3]如果你的群体代表着一种神圣价值，你就会愿意为捍卫它而恶意行事，甚至发动自杀式袭击。[4]

1　Crowson, H. M. and Brandes, J. A. (2017) 'Differentiating between Donald Trump and Hillary Clinton voters using facets of right-wing authoritarianism and social - dominance orientation: A brief report', *Psychological Reports*, 120 (3), 364–373; Choma, B. L. and Hanoch, Y. (2017) 'Cognitive ability and authoritarianism: Understanding support for Trump and Clinton', *Personality and Individual Differences*, 106, 287–291. 如果你对这段话已经感到恼火，请不要阅读后一篇文献（Choma and Hanoch 的论文），我是认真的。

2　Swann, W. B. Jr., Jetten, J., Gómez, Á., *et al.* (2012) 'When group member-ship gets personal: A theory of identity fusion', *Psychological Review*, 119 (3), 441–456; Atran, S. (2020) 'Measures of devotion to ISIS and other fighting and radicalized groups', *Current Opinion in Psychology*, 35, 103–107.

3　Swann, W. B. Jr., Buhrmester, M. D., Gómez, Á., *et al.* (2014) 'What makes a group worth dying for? Identity fusion fosters perception of familial ties, promoting self-sacrifice', *Journal of Personality and Social Psychology*, 106 (6), 912–926.

4　Sheikh, H., Gómez, Á. and Atran, S. (2016) 'Empirical evidence for the devoted actor model', *Current Anthropology*, 57 (S13), S204–209.

与他人的认同融合，可以建立在基因相似性的基础上，如我们感到与家人融合在一起。事实上，家庭内部的认同融合有助于家庭成员间的合作和牺牲，共同面对极端威胁，比如来自其他群体的攻击。[1] 然而，与他人的认同融合也可以是基于共同经历。例如，同卵双胞胎之间的认同融合程度，不仅取决于基因相似性，还取决于彼此之间有多少共同经历。[2] 从本质上讲，共同的经历可以使个体之间建立认同融合，就像创造了一个新的家庭。

共患难是促进人们建立认同融合的有力方式，会增加人们为彼此牺牲的意愿。[3] 仅仅记住共同的苦难，就能促进认同融合。[4] 当人们准备为国捐躯时，就会视同胞为家人。[5] 部分原因可能是，共患难的人们会有共同的核心价值。共享核心价值，传统上是一种亲缘关系的信号，所以这可能会造成（与他人有）亲缘关系的错觉，从而推动利他主义。[6]

1 Whitehouse, H. and Lanman, J. A. (2014) 'The ties that bind us: Ritual, fusion and identification', *Current Anthropology*, 55 (6), 674–695.

2 Whitehouse, H., Jong, J., Buhrmester, M. D., *et al.* (2017) 'The evolution of extreme cooperation via shared dysphoric experiences', *Scientific Reports*, 7, 44292.

3 Ibid.

4 See Whitehouse, H. (2018) 'Dying for the group: Towards a general theory of extreme self-sacrifice', *Behavioral and Brain Sciences*, 41, e192.

5 Ibid.

6 Swann *et al.* (2014).

一同经历苦难的人们彼此之间可能会建立紧密的关系，甚至比与家人的关系还紧密。人类学家哈维·怀特豪斯（Harvey Whitehouse）及其同事进行了一项研究，他们的研究对象是在2011年利比亚内战中与卡扎菲政权作战的反对派战士。他们发现，战士之间亲密无间，就像家人一样。事实上，近半数战士表示，他们彼此之间的关系比他们与家人之间的关系更亲密。[1] 同样，阿特兰发现，库尔德佩什梅加战士（Kurdish Peshmerga）往往将"Kurdeity"（他们对库尔德同胞和保卫家园神圣事业做出的承诺）置于自己家人之上。

*

如果我们相信一个施行惩罚的神明，让他们来替我们实施惩罚，那就免除了我们的反支配性恶意的代价。然而，宗教教义也可以成为支配性恶意显现的一种方式，让一个人得以将自己的地位提升到他人之上。宗教也可能支持自杀式炸弹袭击那种极端形式的恶意。这种犯罪行为的成因是，袭击者与自己所在的群体产生认同融合，并认为自己所在的群体受到威胁；袭击者因看到神圣规范被违背而感到道德义愤，它与袭击者的个人经历产生了共鸣。袭击者

1 Whitehouse, H., McQuinn, B., Buhrmester, M. D., *et al.* (2014) 'Brothers in arms: Libyan revolutionaries bond like family', *Proceedings of the National Academy of Sciences*, 111 (50), 17783-17785.

准备发动袭击，还因为一个备受尊敬或被看重的关系网认为这种行动是正当的。[1] 那么，我们能做些什么呢？

如前所述，以报复相威胁可以降低人们实施高代价惩罚的意愿。但这怎么可能有助于预防自杀式炸弹袭击呢？你如何报复死去的人？但国家可以让潜在的自杀式炸弹袭击者知道，袭击者的亲属将会遭到报复。有证据表明，这种方法是有效的。对巴勒斯坦自杀式袭击者和恐怖分子，以色列国防军采取了惩罚性拆毁房屋行动。这种行动产生了立竿见影的效果，自杀式袭击的数量显著减少。[2]

这类行动不仅会引发法律和道德问题，而且不能解决导致自杀式炸弹袭击者发动袭击的根本问题——不满。事实上，正如研究有关惩罚性拆毁房屋行动的学者们所指出的，"恐怖活动的彻底终结，属于政治领域的问题，而非军事领域的问题"。要减少自杀式恐怖主义，一个关键的方法是必须倾听、承认和解决人们的不满。对这些不满，我们可能有不同看法，不会赞同他们（因不满而采取）的行动，但是他

---

1 Sageman, M. (2014) 'The stagnation in terrorism research', *Terrorism and Political Violence*, 26 (4), 565–580; Atran (2010).

2 Benmelech, E., Berrebi, C. and Klor, E. F. (2015) 'Counter-suicide-terrorism: Evidence from house demolitions', Journal of Politics, 77 (1), 27–43. 这种效果会随着时间的推移而下降。此外，预防性拆毁房屋行动（根据房屋所在地进行拆毁，与房主或其活动无关）导致自杀式恐怖袭击的数量显著增加。

们的不满应该得到倾听。

　　另一种方法是，解决涉及神圣价值的问题。首先，我们不能让社会排斥，将有问题的非神圣价值提升到神圣价值的高度。其次，当某些人感到自己的神圣价值受到威胁时，我们必须指明，正如阿特兰所说的，如何将其"引导到不那么好战的道路上"。[1]

　　如前所述，在涉及神圣价值的问题上，如果试图用钱来解决，可能会适得其反，会使人们更有可能实施高代价惩罚。那么，如何使一个涉及神圣价值的协议变得更有吸引力呢？一个答案是，双方都要在与各自的神圣价值相关的问题上做出让步。一项研究发现，当巴勒斯坦人被告知，以色列人准备在他们的神圣权利上做出让步时（放弃吞并约旦河西岸部分地区的计划），巴勒斯坦人就更有可能接受和平协议。[2]正如该研究的作者所观察到的，在这两个群体的领导者中，这种态度也很明显。他们给出了以下例子来说明这一点。一位哈马斯领导人兼巴勒斯坦政府发言人曾表示："原则上，我们不反对在1967年战争爆发前的边界内建立巴勒斯

1　　Atran, S. (2006) 'The moral logic and growth of suicide terrorism', *Washington Quarterly*, 29 (2), 127–147.

2　　Ginges *et al.* (2007).

坦国。但首先，让以色列给我们道歉，就他们在1948年对巴勒斯坦人的暴力行为道歉，然后我们可以就我们重返历史上的巴勒斯坦领土的权利进行谈判。"同样，以色列前空军将领艾萨克·本–伊斯雷尔 (Isaac Ben-Israel) 曾表示，"当我们觉得，哈马斯已经承认我们作为一个犹太国家存在的权利时，我们就可以进行交易"。[1]

"9·11事件"调查委员会报告 (9/11 Commission Report) 建议，为了解决恐怖主义问题，美国及其盟友应该"强调教育和经济机会"。然而，这份报告中还提到，落后和专制的政权"滑入了没有希望的社会，在那里，雄心和激情没有建设性的出口"。[2] 正如阿特兰所说，这表明我们需要在比恐怖主义更具建设性的领域，为年轻人的雄心和激情提供一个出口。

年轻人应得到支持和鼓励，为亲社会事业而奋斗，需要把亲社会事业与神圣价值联系起来。年轻人需要有机会与群体建立密切关联，与为亲社会事业努力的其他人产生认同融合。环保组织"反抗灭绝"(Extinction Rebellion) 运动已经在

---

1 Ibid.

2 Kean, T. H., Hamilton, L. H., Ben-Veniste, R., *et al.* (2004) *The 9/11 Commission report: Final report of the National Commission on Terrorist Attacks upon the United States*, https://www.9-11commission.gov/report/911Report.pdf

走这条路。拯救地球已成为一项神圣事业，多亏了像瑞典环保少女格蕾塔·通贝里 (Greta Thunberg) 这样的人，年轻人可以与一个引人注目的群体产生认同融合。作为其中的一部分，我们可以利用自己的恶意倾向，损害一些我们自己和某些企业的短期物质利益，以促进我们人类和地球的长期利益。恶意是利他的对立面或阴暗面，我们可以把恶意从暗处带出来，让它为光明服务。

研究人员正在通过博弈实验 (类似于发现了我们的恶意一面的最后通牒博弈实验) 来研究我们如何促进合作和保护地球。这种博弈实验不是一个人与另一个人的博弈，而是当前一代与未来的一代博弈。

这个博弈实验的过程大致如下。你与其他4名玩家进行多轮博弈，每一轮都代表着一代人。在第一轮中，你们代表我们这一代人；在第二轮中，你们代表我们的下一代人，也就是我们的子女那一代人；在第三轮，你们代表我们的孙子女那一代人，依此类推。研究人员告诉你们，地球上有1000亿棵树，你和其他4名玩家各自决定为自己的利益考虑要砍掉多少棵树，每个人都可以在0至200亿棵树之间做出选择。实验结束后，你可以从研究人员那里领取一笔钱，你砍掉的树木越多，领到的钱就越多。因此，如果你只考虑自己的眼前利益，你就会尽可能多砍一些树。

在一轮博弈结束时，如果你们几位玩家砍掉的树木总计没超过500亿棵，那么森林就会再生。当你们进入下一轮博弈（代表下一代人）时，你们将有1000亿棵树，你们可以再次选择需要砍掉多少。然而，在一轮博弈中，如果你们砍掉的树木总计超过500亿棵，那么森林就不会再生。例如，你们砍掉了600亿棵树，下一轮博弈（下一代）开始时，就只有400亿棵树。

为了长期利益，你应该与其他玩家合作，在每一轮博弈中，每人砍掉的树木不超过100亿棵。然而，为了短期利益，你应该自私地砍掉200亿棵树，因为如果你不这样做的话，其他玩家若是自私地选择砍掉更多的树，你就会被落在后面。那么人们会怎么做呢？

研究人员招募了一些被试者，进行了18次这种博弈实验，他们将这些被试者分为18组，每组有5个被试者。[1]在每次实验中，第四轮博弈开始时，也就是到了第四代，每组都不会再有1000亿棵树了。在所有被试者当中，有2/3的

1 Hauser, O. P., Rand, D. G., Peysakhovich, A., and Nowak, M. A. (2014) 'Cooperating with the future', *Nature*, 511 (7508), 220–223.

人，在每轮博弈中本着合作的精神，不会砍掉超过100亿棵树。然而，有少数人很自私，在每轮博弈中，他们每个人都会砍掉超过100亿棵树，使得整组人砍掉的树木总计超过500亿棵，意味着森林无法再生。

研究人员找到了解决这个问题的方法。与其让每个被试者自行决定砍掉多少棵树，不如引入民主。在每一组中，5个被试者都必须投票，通过投票来决定他们要砍掉多少棵树。每个被试者都写下自己的选择（想要砍掉多少棵树），5个数的中位数，就是每个被试者可以砍掉的树木总数。例如，在一个小组中，如果5个被试者的选择分别为100亿、100亿、100亿、150亿和200亿，则中位数（按从小到大的顺序，取中间的那个数）为100亿，所以在这个小组中，每个被试者都只能砍掉100亿棵树。

引入民主，从根本上改变了这个实验的结果。研究人员进行了20次实验，在每次实验中，到最后一轮博弈时，每组都仍有1000亿棵树。大多数人是有合作精神的，只有少数人是自私的，合作的多数能够控制住自私的少数人。无论是出于恶意，还是出于自私，一个人再也不能毁灭世界了，世界将不会被摧毁。尼克·波斯特洛姆的那个黑色小球，将留在帽子里。正如论文作者指出的："许多公民愿意为更大的利益作出自我牺牲。我们只是需要一些机构，来帮助他们这样做。"

结论

恶意的未来

恶意是达摩克利斯之剑（或称"悬顶之剑"），悬在我们的人际互动之上。它使社会更加公平，使人们更加合作。

恶意，我们的"第四种行为"，是我们天性中重要的一部分。我们可以利用自己的恶意倾向 (不惜付出个人代价去惩罚或伤害他人) 来行善或作恶。恶意，既可以被用于剥削他人，也可以被用于抵制剥削。只要有不公正，我们就需要恶意，只要有恶意，就会有不公正。恶意是问题的一部分，也是解决方案的一部分。了解了恶意的起源和内部运作，我们才有可能好好利用它。如果我们一直把它留在暗处，那就可能成为隐患。

由于遗传因素的影响，某些人的恶意倾向可能比其他人的更大。然而，每个人都有恶意倾向，我们的大脑在倾听着恶意行动的提示。当我们的生存环境变得更加恶劣，竞争越来越激烈，资源越来越少，我们就会感到世界似乎在向我们喊，让我们恶意起来。在竞争激烈的情况下，恶意的人能够脱颖而出，因为他们不怕引人注目。我们的生存环境能够通过我们的胃与我们的大脑交流。如果吃得很差或者食不果腹，大脑中血清素水平就会降低，我们更有可能从伤害他人中获得快感。当他人夺走我们的东西或损害我们的地位时，我们就会产生愤怒和厌恶情绪。我们的同理心会减弱，还会贬低他人的人性。我们恶意行事，伤害他人，这种感觉很好。但我们不能对自己承认这一点。我们自欺欺人，认为实施惩罚是为了教育、威慑或改造他人。但事实是，我们只是想伤害他人，这就是恶意之道。

至于我们为什么会产生恶意，原因很简单。恶意行事往往会带来长期利益。某些恶意行为其实是一种自私行为。反支配性恶意可以把欺凌者、支配者和暴君拉下来，在这里，恶意可以成为一种伸张正义的工具。如果我们恶意对待伤害他人的人（实施第三方惩罚），我们的社会资本就会增长，其他人会更尊重我们，更愿意与我们合作。如果我们恶意对待伤害我们的人（实施第二方惩罚），我们就会迫使他们更加重视我们的福利。随着人类的进化，特别是由于有了语言，我们创造出了低代价、更安全的惩罚方式，如口头惩罚。此外，我们还把它（恶意）外包出去，让上天或国家机构来实施惩罚。现在我们可以"用偷来的牙齿咬人"，如尼采所言。

支配性恶意，目的是在我们和他人之间划清界限，旨在支配他人。为了获得相对优势，我们愿意蒙受损失，宁愿自己的利益受损，也要把别人踩下去。如果别人的损失比我们的损失更多，我们就会很高兴，因为我们厌恶排在最后。在竞争激烈的环境中，支配性恶意有助于我们蓬勃发展。从历史上看，支配性恶意有助于我们获得繁殖优势，但也有可能造成巨大危害。

存在性恶意就是个人愿意付出代价，去证明理性、自然规律或必然性是错误的，这似乎是一种壮丽的悲剧。然而，在历史上，这其中可能隐藏着智慧，让人们避免陷入理性的潜在雷区。如今，存在性恶意可以作为对抗诡辩家 (sophist) 的反支配工具。它可以被用来创建延伸目标，有助于我们完成看似不可能完成的事情。这种恶意，可以激发创造力。

恶意来自暗处。恶意不是为了让不公平行事者改正过错以创造公平与合作，而是试图伤害对方并改变支配地位。然而，它可以帮助我们走向光明。恶意是达摩克利斯之剑 (或称"悬顶之剑")，悬在我们的人际互动之上。它使社会更加公平，使人们更加合作。

恶意的这些好处，伴随着显而易见的代价。存在性恶意，可能会导致我们不能用理性来解决面临的问题。支配性恶意可能有助于我们获得相对优势，但我们最终可能只是站在一座小丘的顶上。而从绝对意义上讲，如果不恶意行事，我们会过得更好，达到更高的境界，登到一座高山的半山腰。反支配性恶意，可能会变成毁灭性的怨恨。如果其他人关闭了社会进步 (进入更高社会阶层) 的大门，我们反支配的一面可能会唤起对混乱的需求，试图摧毁前进道路上的一切障碍。这可能会催生出波斯特洛姆所说的"末世余孽"，因此，我们决不能让那种人拿到黑色小球。回想一下，本书第一章开头提到的巴德尔-迈因霍夫团伙。

现在，我们可以通过所学的知识再次审视这个团伙。这里的任何教训都适用于类似的团伙，无论是过去的、现在的还是未来的。我们可以讲述一个年轻人感到被社会拒之门外的故事。当无法获得渴望的社会地位，他就会有一种混乱需求。他寻求毁灭，这样他就可以像凤凰一样从灰烬中重生，获得新的地位。在这里，我们称之为"被拒之门外综合征"(locked-out syndrome)。

小说家阿道司·赫胥黎(Aldous Huxley)在1921年出版的《克罗姆·耶娄》(Crome Yellow)一书中写道："能够心无愧疚地进行破坏，能够做坏事并将自己的不良行为称为'正义的愤怒'——这是心理上的奢侈享受的顶峰，是最美味的道德糖果。"

如果巴德尔–迈因霍夫团伙以及同时代的"气象员"(Weathermen, 美国一个极左派组织)等组织的行动与这种力量有关，那么这种人如今在哪里呢？培育他们的这种力量，如今并没有消失。我们可能创造出了更安全、低代价的恶意形式，但恶意行事或恶意的冲动并没有消失。这样的人或许存在于网上，低代价的网络暴力取代了高代价的炸弹袭击。

全球半数以上的人口都在使用社交媒体，比如脸书和推特。我们创造了一个世界中的世界，但我们或许并不适合生活在网络世界中。在网络世界，恶意不仅挣脱了它的天然枷锁，而且还得到了前所未有的奖赏。如果一个马基雅维利式的大脑想要让恶意畅通无阻，那最好的办法就是创造社交网络。社交媒体降低了恶意的代价，并使其收益成倍增加，制造了一场完美的恶意风暴。

网络的匿名性削弱了现实世界中制止恶意的一个关键刹车。在社交网络上，匿名用户不用担心会遭到报复，他们可以自由地攻击比自己更有地位或更有资源的人，他们的反支配性恶意不再受到抑制。他们是正义的喷子，狂热地攻击他人并陶醉在毁掉他人的喜悦中。他们恶意攻击比他们更有地位或更有资源的人，并不在乎那些人是否是凭自身能力领先的。他们会更憎恨凭自身能力领先的人。

即使我们实名上网，网络世界的其他特征仍然鼓励我们表现出恶意的一面。首先，在网上攻击他人，是轻而易举的，恶意的成本降低了。在网络世界中，我们就像传说中的武术大师，只需动动手指就能诋毁他人。其次，任何报复性成本都可能被广泛分摊。在推特上，当你攻击他人的时候，成千上万的推特用户可能会加入进来，通过转发、点赞的方式与你一起攻击他人。如果你遭到攻击对象的报复，由此带来的任何成本都会在成千上万的人之间分摊，而不像狩猎采集社会那样在数十人之间分摊。

即使我们实名上网，我们也倾向于恶意攻击他人。我们这样做的最重要原因可能与实施第三方高代价惩罚所带来的好处有关。在网络世界中，我们密切注视其他人之间的互动，可以对他们之间的互动进行评论并发布我们的看法。在这里，我们有无穷多的机会来实施第三方高代价惩罚。我们可以通过在网上发表评论来攻击伤害他人的人，这种行为也属于第三方高代价惩罚（尽管它的代价非常小或仅仅是可能有代价）。如前所述，实施这种惩罚的人通常会受到他人的尊重。如果不是匿名的，我们就可以公开接受他人的尊重，获取声誉收益。正如一位社交媒体用户所说："每当我发表评论，称某人为种族主义者或性别歧视者时，我都会感到兴奋。如果我看到自己的评论被大量网友点赞，我更会觉得自己是正确的，兴奋感也会持续很长时间。"[1]

指控文化和取消文化（羞辱和抵制在言论或行为上有过错的人）可以是好事。它的好处是，让人们（包括有权势的人）为自己的行为负责，并导致积极的社会变革。愿意恶意行事，付出代价去惩罚那些有过错的人，可能对创造积极的变化至关重要。反支配性恶意，有助于我们打倒那些理应被打倒的人。然而，它也可能导致勤奋的人、有创新精神的人和慷慨的人被打压。犯了一些小错的人，在网上可能受到非常严厉的惩罚，甚至会遭到网暴。在谈到网络上的回击或网民对有

1 https://quillette.com/2018/07/14/i-was-the-mob-until-the-mob-came-for-me/

过错的人的强烈抵制时，《千夫所指：社交网络时代的道德制裁》(*So You've Been Publicly Shamed*) 一书的作者乔恩·罗森 (Jon Ronson) 指出，"过错的严重性和惩罚的狂暴野蛮之间已经出现了脱节"。[1]

在资本主义社会中，总会有人凌驾于我们之上。对于凌驾在我们之上的人，我们怀有复杂的感情。我们想要关注他们以了解他们的秘密，亲近他们并寻求他们的保护。然而，出于反支配性恶意，我们也可能试图将他们拉下马。至于什么原因促使我们去攻击那些地位高的人，而不是去讨好他们，这个问题是没有明确答案的。但是，如果出于恶意，我们确实需要常常铲除"高大罂粟花"(高大罂粟花综合征)。那么，我们如何进步，关于希求进取，我们向人们发出什么样的信息？

与此相关的一个问题是，我们如何看待惩罚的本质。人们实施惩罚通常是以提升自己的地位为目的的。支配性恶意，可以伪装成反支配性恶意。在这里，网络讨伐不仅仅是为了给特定群体平权，而是为了让他们占支配地位。英国记者道格拉斯·默里 (Douglas Murray) 提出了这一观点。他认为，许多寻求平等权利的人权运动，包括涉及性别、种

1 Ronson, J. (2015) 'How one stupid tweet blew up Justine Sacco's life', *New York Times*, 12 Feb. See also Ronson, J. (2016) *So you've been publicly shamed*. New York, NY: Riverhead Books.

族和性取向的运动，已经"越过了防撞护栏"。默里说："他们不满足于平等，已经开始选择不可持续的立场，比如'更好。'"[1] 进化生物学家布雷特·温斯坦 (Bret Weinstein) 也提出了类似的观点。他认为，大多数参与社会公正运动的人，希望结束压迫并生活在一个公正的社会中，但也有少数人希望"扭转局面"。[2] 这些少数人（可能包括运动领袖在内）的目标是，"使那些享有特权的人处于从属地位，而那些在他们自己看来最受压迫的人，将成为最有资源和最有权势的人"。[3] 长期受压迫的群体有这种思想倾向，是完全合乎情理的。然而，我们需要确保，从长远来看，我们不会用更多的支配和压迫来取代现有的支配和压迫。

那么我们如何应对网络上的恶意？网络匿名也有它的好处，我们不希望消除匿名。这将责任推回到用户个人身上。社交媒体用户发帖时需要想一想，自己为何发布这个内容。然而，正如之前看到的，我们自己有时意识不到，实施惩罚其实是为了报复。我们需要请网友为网上的恶意言

1 Murray, D. (2019) *The madness of crowds: Gender, race and identity*. London: Bloomsbury.

2 Weinstein, B. (2018, May 22) 'Joint Hearing before the Subcommittee on Healthcare, Benefits, and Administrative Rules and the Subcommittee on Intergovernmental Affairs of the Committee on Oversight and Governmental Reform. House of Representatives, 115th Congress, Second Session', https://www.govinfo.gov/content/pkg/ CHRG-115hhrg32667/html/CHRG-115hhrg32667.htm

3 https://www.defiance.news/def007-bret-weinstein

论提供一个结构性的约束。

就指控文化而言，如果指控者在网上攻击他人，出于支配性恶意，是试图提高自己的地位，而不是促进社会正义。那么其他网友就应公开指出。指控者是试图通过这种攻击获得地位，而不是为促进社会公正问题的解决。其他网友的监督应该会降低此类事件的声望。

道德信号 (virtue-signalling)[1]这个词已经很流行了。它反映了一种认识，惩罚者实施第三方惩罚，是为了获取声誉收益。然而，没有任何术语可以同时表明，惩罚者实施第三方惩罚也是为了通过打压对方来寻求相对地位。像"道德攀登" (virtue climbing) 这样的术语，或许可以更好地概括这种现象。

我们还需要仔细思考，当我们高举道德大旗时，我们是否真的那么在乎道德？当我们在网上攻击别人的时候，我们真的是出于道德义愤吗？或者其实是出于自私的动机？正如第四章中所讨论的，我们应该对我们所说的惩罚动机持怀疑态度。这是一个更大问题的一部分。很多研究表明，我们是道德伪善者，非常想要在他人面前显得公平

1　释放道德信号，以某种言论显示自己站在道义一方。——译者注

和有道德，但却并不真正为道德所困扰。[1]

当人们谈论他们对违反公平原则的行为感到多么愤怒时，我们就可以看到这一点。心理学家丹尼尔·巴特森 (Daniel Batson) 认为，对"违反公平原则"这一抽象概念产生愤怒，并不是一种真实的现象。相反，他认为我们只是因为受到伤害才真正感到愤怒。[2] 在巴特森看来，我们谈论对不公平的愤怒，因为这表明我们并不是只在意自己所受到的伤害。这意味着我们有一个更纯粹、更超然的动机。我们的关切似乎是高尚的，是社会期许的，而不是狭隘的、个人的。这表明每个人都应加入纠正不公的行列。表达道德义愤，会将个人对伤害的担忧转变为一场每个人都应该关心的正义运动。

实际上，我们可能并不关心这些抽象的道德准则，因为道德说教可能是我们让别人"承受道德指责"的一种方式。[3] 与此同时，只要有半点机会，我们就会试图通过打着道德的幌子来逃避践行道德。[4] 巴特森认为，谈论对违反公平的道德义愤，可能是被不公平所伤的人增加他人帮助

---

1   Batson, C. D., Kobrynowicz, D., Dinnerstein, J. L., *et al.* (1997) 'In a very different voice: Unmasking moral hypocrisy', *Journal of Personality and Social Psychology*, 72 (6), 1335–1348; Batson, C. D. and Collins, E. C. (2011) 'Moral hypocrisy: A self-enhancement/self-protection motive in the moral domain', in M. D. Alicke and C. Sedikides (eds), *The handbook of self-enhancement and self-protection* (pp. 92–111). New York, NY: Guilford.

2   See Batson, C. D. (2011) 'What's wrong with morality?', *Emotion Review*, 3 (3), 230–236.

3   Ibid.

4   Ibid.

的机会的一种方式。我们都需要好好审视自己的道德说教，无论是在网上还是在现实生活中，对自己和他人都要诚实。

*

恶意的人往往是低亲和性的人，这是真的。在低亲和性 (disagreeableness) 这种人格特质上，他们得分很高。[1] 这似乎不是一种好的性格特质，但这种特质与一种特殊的创造力相关。[2] 在低亲和性这种特质上得分较高，与拥有较高的数学和科学创造力相关。[3] 目前尚不清楚的是，为何会有这种相关性。这可能与恶意的人倾向于在竞争环境中脱颖而出有关。存在性恶意促使他们去做别人认为不可能做到的事情，这也可能是他们拥有较高创造力的部分原因。这种人格特质，也与支持民粹主义者 (比如特朗普) 相关。[4] 恶意、低亲和性并且支持民粹主义的人，是最有可能帮助推动科学进步的人。然而，他们在学术界并不受到重视。正如美国数

1　Marcus *et al.* (2014).

2　Batey, M. and Furnham, A. (2006) 'Creativity, intelligence, and personality: A critical review of the scattered literature', *Genetic, Social, and General Psychology Monographs*, 132 (4), 355–429.

3　在舞蹈、绘画和诗歌等领域并没有表现出更大的创造力。参见 Davis, C. D., Kaufman, J. C. and McClure, F. H. (2011) 'Non-cognitive constructs and self-reported creativity by domain', Journal of Creative Behavior, 45 (3), 188–202.

4　Bakker, B. and Schumacher, G. (2020) 'The populist appeal: Personality and anti-establishment communication', https://psyarxiv.com/n3je2/ download?format=pdf

学家埃里克·温斯坦(Eric Weinstein)所指出的，这是成问题的。[1]

詹姆斯·沃森(James Watson)是DNA双螺旋结构发现者之一，曾在1962年获得诺贝尔生理学或医学奖。[2]我曾在报纸上看到一篇文章，文章作者认为，詹姆斯·沃森的种族主义和性别歧视言论，揭示了"一种恶意性格，与他的科学成就完全无关"。[3]但他的这种性格与他的科学成就真的"完全无关"吗？如果不是，这意味着什么呢？

我们的社会，如果确实可以从低亲和性的人以及他们所能创造的进步中获益，那么我们如何在获得受益的同时，不为他们的行为开脱、忽略不可接受的或赞同"为达目的不择手段"的思想呢？

值得庆幸的是，或许有一种方法可以避开这个问题。事实证明，如果我们的社会环境支持创造性思维，低亲和性与创造力的相关性就不那么强了。[4]恶意可能是从A到B的一种途径，但其他途径可能是可行且更可取的。

比尔·克林顿总统的谋士曾有一句名言："笨蛋，关键

---

1 See https://bigthink.com/culture-religion/eric-weinstein-intellectual-dark-web

2 我使用了"或"这个字，是因为诺贝尔奖这个奖项的名称就是"生理学或医学奖"，并不是说我不确定他获得了哪个奖。

3 https://www.theguardian.com/commentisfree/2014/dec/01/dna-james-watson-scientist-selling-nobel-prize-medal

4 Hunter, S. T. and Cushenbery, L. (2015) 'Is being a jerk necessary for originality? Examining the role of disagreeableness in the sharing and utilization of original ideas', *Journal of Business and Psychology*, 30 (4), 621–639.

是经济！"(It's the economy, stupid)。这种看法有一个问题，其忽略了恶意。正如最后通牒博弈所表明的，我们愿意蒙受经济上的损失。从善意角度解释，我们愿意这样做（付出代价惩罚对方）是为了给对方一个教训，为了让他们以后表现得更好。更有可能的是，我们这样做是为了伤害那些行事不公者、支配者和精英，也可能是为了拉大我们与他人之间的差距，让自己远离社会阶梯的最底层。民众并非只追求自身狭隘的经济利益，如果精英们不能理解这一点，那就会为恶意和"反精英"的操纵行为敞开大门，并可能带来灾难性后果。

虽然人们会付出代价来毁掉他人应得的收益，但不应得的收益会更不安全，更有可能被毁掉。自撒切尔和里根上台以来，美国等国家的收入和财富不平等现象一直在加剧。[1] 如"烧钱博弈"(Money-burning) 实验所表明的，99%的人如何面对那1%最富人口的财富，在一定程度上取决于这种不平等是否被视为理所应当。即使不是特别左倾的人也能认识到，西方社会在宣传上下了狠功夫，把财富不平等说成理所应当的。美国梦所宣扬的就是这样一个故事，只要足够努力，任何人都可以成为富人。在这里，成功是努力的

---

1 Starmans, C., Sheskin, M. and Bloom, P. (2017) 'Why people prefer unequal societies', *Nature Human Behaviour*, 1 (4), 0082.

应有结果。

宣传也可以被用来制造不和谐，让人们把不平等视为不应该的。这方面的一个例子来自解密的1944年美国中央情报局手册。该手册描述了第二次世界大战期间美国采用的在敌国搞破坏的方法。其中一个建议是给赞同美国目标的敌国公司经理和管理人员的，建议他们让效率低下的员工得到不应得的提拔，以达到降低所有员工的士气和生产效率的目的。[1]

有一个描述美国人和俄罗斯人典型行为的古老寓言，展示了美国如何鼓励其民众以非恶意的方式应对不平等问题。[2] 故事是这样的，有一个美国农民，其邻居刚得到一头有望得奖的母牛；一个俄罗斯农民，也有一个邻居刚得到一头有望得奖的母牛。美国农民的梦想是拥有一头更好的牛，比邻居家的牛更好；俄罗斯农民的梦想是邻居家的牛死掉。俄罗斯人和美国人都想超过别人，但俄罗斯人为了达到这一目的减少了总体财富，美国人则增加了总体财富。在美国，人们被鼓励通过努力致富来应对不平等，而不是恶意地毁掉拥有更多财富的人。

1　https://www.cia.gov/news-information/featured-story-archive/2012- featured-story-archive/simple-sabotage.html

2　Grolleau, G., Mzoughi, N. and Sutan, A. (2009) 'The impact of envy- related behaviors on development', *Journal of Economic Issues*, 43 (3), 795–808.

但是，如果向上流动变得更加困难，那会怎么样？有一些证据表明，这种情况正在发生。在过去的半个世纪里，美国梦越来越成为美国人的幻觉。1940年出生的美国人中有90%的人收入超过父母；而在近几年进入就业市场的美国人中，只有50%的人以后的收入将会超过父母。[1]这不仅仅是因为经济增长率较低，还因为在增长分配中存在更大的不平等。[2]随着不公平感的蔓延，人们恶意行事的可能性也在增加。

尽管故事可以起到将财富不平等合理化的作用，但如果财富不平等被隐藏起来，那么它们就会得到更好的保护。我们都知道，炫耀财富会引发恶意攻击。事实上，人们愿意花钱把自己的财富隐藏起来，不让周围的人知道。[3]研究发现，人们严重低估了美国的财富不平等程度。[4]这表明掩盖贫富差距的努力是成功的。

但是，如果精英们既无法证明自己的财富是正当的，也无法隐藏自己的财富，那该怎么办？他们可能会担心自己的财富被别人恶意地毁掉。一群新的"反精英"（counter-elite）可

1 Chetty, R., Grusky, D., Hell, M., *et al.* (2017) 'The fading American dream: Trends in absolute income mobility since 1940', *Science*, 356 (6336), 398–406.

2 Ibid.

3 Boltz, M., Marazyan, K. and Villar, P. (2019) 'Income hiding and informal redistribution: A lab-in-the-field experiment in Senegal', *Journal of Development Economics*, 137, 78–92.

4 Norton, M. I. (2014) 'Unequality: Who gets what and why it matters', *Policy Insights from the Behavioral and Brain Sciences*, 1 (1), 151–155.

能会兴起，利用这种恶意和愤恨，乘着民粹主义浪潮，以民主方式来获得权力。然而，还有另一种更危险的可能性。正如记者爱德华·卢斯 (Edward Luce) 所说："当不平等程度很高时，富人就会惧怕暴民。"[1] 据报道，在2007年至2008年金融危机之后，奥巴马总统曾向银行业的首席执行官们解释说："我的政府是你们与干草叉之间唯一的东西。"[2] 在这种情况下，允许泄愤式投票的民主，对精英阶层的威胁会越来越大。因此，我们应该留意精英阶层破坏民主的企图。

19世纪的哲学家约翰·穆勒 (John Stuart Mill, 或译约翰·斯图尔特·密尔) 提出"一人一票"制度应被另一种制度取代，即受过良好教育的人不止拥有一票。我们应该警惕破坏民主的类似观点重新出现。归根结底，就什么是公平的问题，我们需要进行更明确的公开辩论，以便找到大家都能接受的解决方案。

*

我们需要能够控制恶意，我们需要能够利用恶意，在我们选择利用它的时候，而不是在它选择出现的时候。我们需要利用它来推动正义事业，而不是促进不公正。要做到这一点，我们就要学会控制愤怒。有时我们需要抑制愤怒，但有时我们也需要激发义愤。

---

1 Luce, E. (2017) *The retreat of Western liberalism*. London: Little, Brown.

2 https://www.politico.com/story/2009/04/inside-obamas-bank-ceos-meeting-020871

许多哲学和宗教学派都指出了愤怒的危险性。[1]斯多葛学派哲学家塞涅卡 (Seneca) 将愤怒视为"一种最可怕和最疯狂的情感",并认为我们应当"彻底根除愤怒"。[2]同样,许多佛教思想也鼓励人们放弃愤怒,认为这是通往智慧道路上的重要一步。[3]

最后通牒博弈让我们洞察到,什么方法有助于我们控制对不公平的愤怒。在最后通牒博弈中,如果你收到低份额提议后抑制愤怒,拒绝接受提议的概率并不会下降;但如果你重评自己的情绪(以超然态度看待这个提议,或者试着想想看对方为什么会给你这个提议),你拒绝接受提议的概率就会减半。[4]为了控制恶意,我们应该思考对方行为产生的各种原因,而不是仅仅试图压制愤怒。

克服由愤怒引发的恶意的另一种方法是,成为更理性的思考者。这使我们能够更好地控制自己的行为,如第二章所述,拒绝接受不公平提议是我们的默认(不假思索的)反应方式。避免这样做的一种方法是,花更多时间理性地思考,想想自己应该怎么做。

---

1 Pettigrove, G. and Tanaka, K. (2014) 'Anger and moral judgment', *Australasian Journal of Philosophy*, 92 (2), 269–286.

2 Dubreuil, B. (2015) 'Anger and morality', *Topoi*, 34 (2), 475–482.

3 Ibid.

4 Van't Wout, M., Chang, L. J. and Sanfey, A. G. (2010) 'The influence of emotion regulation on social interactive decision-making', *Emotion*, 10 (6), 815–821.

"认知反思"(cognitive reflection)测试，是衡量我们推翻直觉反应转而进行理性思考的能力。认知反思水平高的人，可以用理性来推翻他们自己固有的思维偏误。如果你想测一测自己的认知反思水平，你可以思考下面几道题，这些问题摘自达斯汀·卡尔维罗(Dustin Calvillo)和杰西卡·布尔格诺(Jessica Burgeno)的论文。[1]

1. 所有的花都有花瓣。玫瑰有花瓣。如果这两句话是正确的，我们能不能从中得出结论，玫瑰是花？

你的直觉可能会告诉你，是的。但是理性告诉我们，不，我们不能下结论说玫瑰是花。所有的花可能都有花瓣，但这并不意味着，所有有花瓣的东西就一定是花。如果第一句话是"所有有花瓣的东西都是花"，那么我们就可以得出结论，玫瑰有花瓣意味着它们是花。

2. 杰瑞的分数，从高到低排序，在班里排在第15位，从低到高排序，在班里排在第15位，这个班有多少学生？

直觉可能会告诉你是30个。但如果杰瑞的分数，在班里排名是正数第15位，这意味着有14个人比他分数高；他

---

1 原始论文 Calvillo, D. P. and Burgeno, J. N. (2015) 'Cognitive reflection predicts the acceptance of unfair Ultimatum Game offers', Judgment & Decision Making, 10 (4), 332–41, 这些问题来自于 https://journal.sjdm.org/14/14715/stimuli.pdf

在班里排名倒数第15位，这意味着还有14个人比他分数低。所以如果他前面有14个人，后面还有14个人，再加上他自己，那就是14 + 14 + 1 = 29。

3. 如果2名护士测量2名患者的血压需要2分钟，那么200名护士测量200名患者的血压需要多少分钟？

如果2名护士测量2名患者的血压需要2分钟，这意味着1名护士测量1名患者的血压需要用2分钟。如果200名护士同时工作，那么在2分钟内，每名护士都可以给一名患者测完血压，200名护士可以给200名患者测完血压，所以，答案是2分钟。

答对的问题越多，你的认知反思水平就越高。认知反思水平高的人，在最后通牒博弈中，对不公平提议的拒绝率较低。[1] 恶意似乎是基于直觉的反应，而不恶意地接受不公平提议则与谨慎、有意识的思维有关。改善思维有助于我们减少恶意行为，当然，这也可能使我们受到剥削。正如约瑟夫·亨里奇（Joseph Henrich）的研究工作所表明的，过多地思考有时可能是件坏事。

冥想也是一种方法，有助于我们克服愤怒和限制恶

---

1   Calvillo and Burgeno (2015).

意。在最后通牒博弈中，非冥想者对不公平提议（提议者只从20美元中拿出1美元给回应者）的拒绝率比佛教资深冥想者的高一倍。[1] 佛教资深冥想者较少拒绝不公平提议，是因为他们能够将情绪反应与随后的行为"解偶"（uncoupling）。这样，他们能够更好地就这个提议本身的价值进行评估，而不是就对方的获益进行评估。面对不公平提议，相比于非冥想者，冥想者的身心感受以及与关注当下相关的脑区活动更强，记忆相关脑区活动较弱。他们关注的可能是（接受这个提议）能得到多少钱，而不是当前或过去曾受到的不公平对待。

特定的冥想练习可以帮助我们减少恶意。佛教的"慈悲冥想"（Four Immeasurables Meditations），可以帮助人们培养对所有人的积极态度，包括那些比我们富有的人或与我们有冲突的人。[2]"四无量心"（Four Immeasurables）是指悲悯（compassion）、随喜（appreciative joy）、中舍或平等心（equanimity）和慈爱（loving, unselfish kindness）。随喜，简单来讲就是"为成功者感到快乐"。在最后通牒博弈之前，如果你进行"喜心禅"（Appreciative Joy Meditation）练习，你就更有可能接受不公平提议。[3]一项研究发现，在博弈实验之前，进行这种冥想的被试者当中，有25%的人

---

1   Kirk, U., Downar, J. and Montague, P. R. (2011) 'Interoception drives increased rational decision-making in meditators playing the Ultimatum Game', *Frontiers in Neuroscience*, 5, 49.

2   Ibid.

3   Ibid.

会接受他们收到的所有不公平提议；未进行冥想的被试者当中，只有8%的人会这样做。进行冥想之后，被试者并不会认为这些提议不那么不公平了，他们只是更愿意接受不公平提议。冥想会使人们更加为别人的成就或收益感到快乐，即使自己被别人抛在后面。这种冥想有助于克服那种铲除"高大罂粟花"（高大罂粟花综合征）的反支配性恶意。

读到这里，你可能会大喊："是的，但是那些冥想者被剥削了！"克服恶意，听起来像是一个好主意，但我们是否会过于谨防恶意，从而太过宽容？这是可能的。我们似乎需要宣泄情绪，压抑情绪是有害身心健康的，[1] 抱怨应得到倾听。事实上，情绪宣泄有助于减少仇恨。[2] 控制怒气的目的不应该是消除它，而应该是：能够选择何时明智地利用它，当理性告诉我们需要它的时候，我们就可以释放恶意。正如亚里士多德所说："任何人都会生气，这很简单。但选择正确的对象，把握正确的程度，在正确

---

1 Chapman, B. P., Fiscella, K., Kawachi, I., *et al.* (2013) 'Emotion suppres-sion and mortality risk over a 12-year follow-up', *Journal of Psychosomatic Research*, 75 (4), 381–385; Greer, S. and Morris, T. (1975) 'Psychological attributes of women who develop breast cancer: A controlled study', *Journal of Psychosomatic Research*, 19 (2), 147–153; Thomas, S. P., Groer, M., Davis, M., *et al.* (2000) 'Anger and cancer: An analysis of the link- ages', *Cancer Nursing*, 23 (5), 344–349; McKenna, M. C., Zevon, M. A., Corn, B., *et al.* (1999) 'Psychosocial factors and the development of breast cancer: A meta-analysis', *Health Psychology*, 18 (5), 520–531; Cameron, L. D. and Overall, N. C. (2018) 'Suppression and expression as distinct emotion-regulation processes in daily interactions: Longitudinal and meta-analyses', *Emotion*, 18 (4), 465–480.

2 https://www.nottingham.ac.uk/cedex/documents/papers/2010-02.pdf

的时间，出于正确的目的，通过正确的方式生气，这却不简单。"[1] 反支配性恶意，不应被看作一种病，它是对剥削的一种反应。[2]它是一个强大的工具，我们应该把它留在我们的口袋里。

我们需要辨别力。我们需要能够确定，何时需要恶意，让他人付出代价，何时需要宽恕。如果我们不恶意回应，那应该是因为我们有正确的理由。在这里，尼采的"无名怨愤"(ressentiment)[3]概念是与之相关的。尼采指出，我们可能会宽恕他人，但不是从身份地位，而是因为我们太过害怕，对他们的行为，我们不敢采取任何行动。我们把宽恕说成一种美德，但它并不总是如此，它可能是伪装成美德的懦弱。有时，我们需要有足够的勇气，不惧怕不公正的人，敢于对他们释放恶意。

心理学家迈克尔·麦卡洛 (Michael McCullough) 及其同事指出，人们普遍认为，复仇是一种疾病。[4]这意味着宽恕是一种解毒剂或疗法。麦卡洛对这一观点提出质疑，他问道，复仇

---

1   Dubreuil (2015).

2   McCullough, M. E., Kurzban, R. and Tabak, B. A. (2013) 'Cognitive systems for revenge and forgiveness', *Behavioral and Brain Sciences*, 36 (1), 1–15.

3   来自一个法语词汇，指经济上处于低水平的阶层对经济上处于高水平的阶层普遍抱有的一种积怨；或因自卑、压抑而引起的一种愤慨。——译者注

4   Ibid.; McCullough, M. (2008) *Beyond revenge: The evolution of the forgiveness instinct*. New York, NY: John Wiley & Sons.

是否就像咳嗽？如果是这样，它就具有一定的作用，压制它可能会适得其反。心理学家帕特·巴克利 (Pat Barclay) 指出，复仇过头的案例有很多并且广为人知，但我们往往会忽略宽恕过头的案例。[1] 在电影《拯救大兵瑞恩》(*Saving Private Ryan*) 中，汤姆·汉克斯 (Tom Hanks) 饰演的上尉，放走了一名德国士兵，却在影片的最后被这个德国士兵杀死。正如巴克利指出的，宽恕过头并不被视为一种错误，因为我们被告知要赞成宽恕。巴克利认为，"在任何情况下，复仇和宽恕都有一个最适度的水平"。复仇过少不能起到威慑作用，反而会鼓励他们造成更多伤害。宽恕过少，会阻碍我们修复关系。做到恰到好处，适度的复仇和适度的恶意，是一个具有挑战性的"边缘政策"(brinksmanship) 过程。[2]

恶意是一种强大的工具，不仅可以被用来影响其他个人的行为，还可以被用来对付那些只顾狭隘私利的公司。正如丹尼尔·卡尼曼和他的同事所指出的，如果顾客准备恶意对待违反公平原则的公司，那么追逐利润最大化的公司就会努力做到公平。[3] 当我们知道某些公司的做法是成问

1   Barclay, P. (2013) 'Pathways to abnormal revenge and forgiveness', *Behavioral and Brain Sciences*, 36 (1), 17–18.

2   Ibid.

3   Kahneman, D., Knetsch, J. L. and Thaler, R. H. (1986) 'Fairness and the assumptions of economics', *Journal of Business*, 59 (4), S285–300.

题的, 就需要做好准备, 不去购买那些公司的产品, 让它们付出代价, 即使那些公司的产品是我们喜欢的, 会给我们带来快乐。要做到这一点, 我们就不能仅仅将它们的问题行为视为意料之中的或者"经商之道"。相反, 我们需要把它们看作是违反了正义或公平规范, 而我们应该期望它们能够维护这种规范。这会激起我们的愤怒和厌恶, 促使我们采取具有挑战性的恶意行动。

佛学家也认识到, 恶意可能是有用的。佛教中有"愤怒的慈悲"(wrathful compassion)的概念。约翰·马克兰斯基 (Lama John Makransky)认为, 我们对他人动怒, 不应是出于恐惧和厌恶, 而是只为保护我们的自我和自义。[1] 相反, 我们应该像慈爱的父母对待行为不端的孩子那样做出反应。愤怒的慈悲来自爱, 从为他人着想的角度出发, 有勇气直面他人、保护他人, 不受他人的贪婪、偏见、仇恨、恐惧和自我妨碍的伤害。[2] 需要被驱除的是诸如贪婪、偏见、仇恨、恐惧和自我妨碍之类的问题, 而不是他人本身。如果我们能学会愤怒的慈悲, 以这种方式来利用恶意, 我们就会有一种强有力的新方法, 来改善我们所有人的生活。

---

1   Mowe, S. (2012) 'Aren't we right to be angry? How to respond to social injustice: An interview with Buddhist scholar John Makransky', *Tricycle*, https://tricycle.org/magazine/arent-we-right-be-angry/

2   Ibid.

图书在版编目（CIP）数据

人类的恶意／（英）西蒙·麦卡锡-琼斯
（Simon McCarthy-Jones）著；康洁译 .-- 上海：上海
三联书店，2023.4
ISBN 978-7-5426-8022-8

I.①人… II.①西… ②康… III.①情感－研究
IV.① B842.6

中国国家版本馆 CIP 数据核字（2023）第 028512 号

Copyright © 2021 Simon McCarthy-Jones
This edition arranged with A.M.Heath & Co.Ltd. ,through Andrew Nurnberg
Associates International Limited.

著作权合同登记　图字：09-2023-0015

人类的恶意

著　者	［英］西蒙·麦卡锡-琼斯
译　者	康　洁
总策划	李　娟
执行策划	王思杰
责任编辑	杜　鹃
营销编辑	都有容
装帧设计	潘振宇
监　制	姚　军
责任校对	王凌霄

出版发行　上海三联书店
（200030）中国上海市漕溪北路331号A座6楼
邮　箱　sdxsanlian@sina.com
邮购电话　021-22895540
印　刷　北京盛通印刷股份有限公司

版　次　2023年4月第1版
印　次　2023年4月第1次印刷
开　本　787mm×1092mm　1/32
字　数　151千字
印　张　9.375
书　号　ISBN 978-7-5426-8022-8/B·819
定　价　54.00元

敬启读者，如发现本书有印装质量问题，请与印刷厂联系15901363985

人啊，认识你自己！